Walther Rohdich

Jagdgeschichten

von der Antike bis ins Moderne, mit und ohne Waffe und Kamera, und solche, die heute nicht ernst genommen werden sollten

Walther Rohdich

Jagdgeschichten

von der Antike bis ins Moderne, mit und ohne Waffe und Kamera, und solche, die heute nicht ernst genommen werden sollten

Rediroma-Verlag

Bibliografische Information der Deutschen Nationalbibliothek:
Die Deutsche Nationalbibliothek verzeichnet diese Publikation in der Deutschen Nationalbibliografie; detaillierte bibliografische Daten sind im Internet über http://portal.dnb.de abrufbar.

ISBN 978-3-98527-541-0

www.rediroma-verlag.de

29,95 Euro (D)

Inhaltsverzeichnis

Oben: Ein engagierter Fotograf

Unten: Ein neugieriger Kleiber

Der Anfang der Jagd als Vorwort

Chefkoch Stefan Wallmeyer hat recherchiert: Vor etwa 32.000 Jahren begannen die Menschen, das Feuer zu beherrschen und sich nutzbar zu machen. Davor hatten sie es als natürlichen Vorgang kennengelernt, als Blitze auf die Erde krachten und trockene dürre Wälder, Bäume und Felder in Brand setzten. Da mochte es vorgekommen sein, dass sie ein Stück Wild fanden, das vom Blitz erschlagen und „gebraten" worden war. Sie lernten bei Gewittern auch die wohltuende Wärme des Feuers kennen, zumal sie bereits begonnen hatten, aus welchen Gründen auch immer, die kalten Gegenden der Erde zu besiedeln und das gesündere Klima des Südens zu vermissen.

Feuer, ein Lagerfeuer gar, gab also Schutz vor Kälte und Dunkelheit und hielt auch gefährliche Tiere fern. Da hat man demnach am Feuer gesessen und Stücke Fleisch auf spitze Stöcke gesteckt und diese dann ins Feuer gehalten und gegessen. Klar, dass sich herausstellte, dass der Magen nicht mehr revoltierte und man nicht endlos kauen musste. Nun, auch damalige Menschen dachten weiter und waren erfinderisch, war der Denkweg nicht weit, dass man den ersten „Ofen" erfand – ein Erdofen! Derart, wie sie heute noch von Bewohnern der Südseeinseln genutzt wird.

Mit der Erkenntnis, dass Feuer das meiste, was ihm unterkommt, vernichtet, aber zum Beispiel Steine mehr oder weniger unversehrt lässt, wurde aus dem Erd- ein Steinofen oder eine Variante desselben: Dabei handelt es sich um eine Erdgrube, deren Boden und Wände mit vorhandenen Steinen ausgelegt und mit Feuer erwärmt wurden. Nach genügender Erhitzung legte man das Fleisch hinein und deckte es mit frischem Laub und größeren Blättern zu und tat dann eine Schicht Erde darüber. Erfahrung lehrte die Leute – es waren vermutlich meist jene Frauen, die man später „Hausfrauen“ nannten – wie lange das Fleisch brauchte, bis es gar und sehr appetitlich war.

Die Hitze in diesen Öfen kann lange gespeichert werden. So konnten auch „schwere Brocken“, auf die wie hier noch kommen werden, zubereitet werden. Nach der Garung ging den Menschen „ein weiteres Licht auf“: Das Fleisch war viel länger haltbar, stark bekömmlicher und erregte weniger Magengrimmen, besonders bei älteren Leuten und – was sie nicht wissen konnten – die Bakterien, Ursache der meisten Krankheiten damals wie heute, wurden abgetötet. Man bedenke auch, dass es noch keine metallenen Töpfe gab und man nun, wildes oder angepflanztes Gemüse mitgaren konnte.

* * * * * *

Wir müssen jetzt zur Jagd kommen. Noch nie vorher und nicht nachher lohnte sie sich mehr und war nachhaltiger: Denn das Mammut war das größte Landsäugetier, das der Mensch je bejagt hat. War eines vom Clan gemeinsam erlegt worden, hatten die Leute auf einen Schlag „die meisten Happen zum Essen“, die sie je bekommen konnten. Man beachte: Die Jagd war damals eine „ruhige“ Angelegenheit, denn es fielen keine Flintenschüsse, höchstens die im Anfang steckenden Pfeilschüsse und Lanzen, Speere und spitze Steine. Wir können davon ausgehen, dass damalige Jäger sich ungern mit den erwachsenen Mammut ausließen und schon wegen ihres delikaten Geschmacks die Jungtiere zu erlegen versuchten.

Wir können ebenfalls davon ausgehen, dass das Verhalten der erwachsenen Tiere den Menschen gegenüber sich dem heutigen Verhalten unserer Elefanten gleicht. Das heißt: Dass sie ihren Nachwuchs „auf Teufel komm raus“ beschützten. Was war da zu tun? Ganz einfach eigentlich: Kam eine Mammut-Mama mit ihrem Kalb des Weges, so galt es, die beiden zu separieren und während die Mutter die tapfere Verteidigerin gegen eine Schar von Männern spielte, ihr Junges zu packen und fortzuführen. Man zog und zerrte es also „ins Dorf“ oder in einen Kral, wo es für die Mutter, die man ungeschoren ließ, unsichtbar war.

Es kam darauf an, wie viel Leute sich an der Jagd beteiligten und ob man sie gleich mit erlegen konnte und wollte. In jedem Fall gab‘s Fleisch satt… Gab es damals schon Feinschmecker? Vermutlich ja. Für sie hat unser Chefkoch versucht, es Rezept für eine leckere Mahlzeit zu entwickeln. Es heißt „Gepfefferter Mammutrüssel mit Honig und Preiselbeeren“ – hier ist es:

„Damit er in der Kehle nicht kratzt, muss der Rüssel mit einem Obsidian-Messer rasiert werden. Dann wird er zu einer Spirale gedreht und in das Erdloch gelegt, das in der Größe passen sollte. Dazu kommen gemörserte Pfefferbeeren und Salz, ebenso wildes Obst und Gemüse wie Äpfel, Kirschen und Bigbeeren, heute Blau- oder Heidelbeeren genannt, vielleicht auch Rüben und Wurzeln. Große Blätter gab‘s im Norden kaum, so wickelte man das Ganze in Felle und bedeckte alles mit heißen Steinen oder unterhielt überm Ofen eine Feuer. Die Garzeit beträgt je nach Dicke bis zu 8 Stunden.“

Man muss nicht viel Fantasie entwickeln, sich eine zehn- bis zwanzigköpfige Familie vorzustellen, die sich über diesen Hochgenuss hermacht – die Männer wohl mit einem Met bis zur Ekstase halb berauscht…

Jagd, Musik, Literatur und Essen

Die Musik. Als die drei Genannten sich vereinigten: Es heißt, der Anfang der Jagdmusik, die Literatur und das Essen – wenn man sie denn schon so nennen will – geht es bis zum Beginn der Altsteinzeit zurück! Welche Instrumente gab es da? Nun, Holzpfeifen, die jeder heute noch schnitzen könnte, Flöten aus Knochen, die hohlen Hörner gehörnter Tiere, Baumtrommeln und solche aus Elefantenfüßen, die mit Haut überspannt wurden, gegeneinander gehauene Stäbe aus Hartholz – Musiker hierfür, so genannte Komponisten, traten erst später auf. So wurde die Verständigung bei Treibjagden immer besser und ging dann endlich auf die Blasinstrumente über.

Es kann nur ein paar Generationen gedauert haben, bis überlebende Stücke Wild dahinterkamen, „das Jagdtheater wird wieder beginnen". So ist es bis heute geblieben, wie erfahrene Jäger zu berichten wissen. Heute werden für eine Menge von Signalen wie üblich „Fürst-Pless-Hörner" geblasen, was natürlich nicht jeder Jäger kann, sie sind aber auch für die nun aufkommende Kunstmusik brauchbar und klingen angenehm in den Ohren.

Da wundert's nicht, dass namhafte Komponisten sich ihrer annahmen und für die Hohen und Höchsten der Menschheit „gegen Bares" Konzerte und Sonaten komponierten – wir können sie hier nicht alle erwähnen, bringen aber zwei Seiten von Komponisten, deren Namen heute noch jeder Interessierte kennt: Johann Sebastian Bach, der viele klerikale Ohrwürmer geschaffen hat, zum Beispiel die Kantate *„Was mir behagt, ist nur die muntre Jagd“* und Joseph Haydns Sinfonie Nr. 103, *„die mit dem Paukenwirbel“*, welche noch heute von jedem öffentlichen Orchester gespielt wird.

Es gibt zwischen „Anblasen des Treibens“ und „Hahn in Ruh“ eine große Anzahl von Jagdsignalen, die jeder Jäger kennen muss. Wir zählen nur einige auf: Sammeln der Schützen, Sammeln der Treiber, Zusammenziehen der Flügel, Richtung, Mitte. Dann die Totsignale fürs Erlegen: Wisente, Muffels, Hirsch und Flugwild und Fasan tot.

Ist die Jagd eine Männersache? Früher nein, dann ja, heute nein. Wir wollen nun beginnen, das zu beweisen. Damit geraten wir automatisch in den Kreis der Abenteuer und in den Bann, warum dieses Buch geschrieben wurde.

Die Literatur. Wie viel Poeten und Schriftsteller mögen sich beim Schreiben über die Jagd ihre Finger wund geschrieben haben? Viele ihresgleichen waren selbst Jäger, wir können hier nur wenige zu Wort kommen lassen. Zum Beispiel Friedrich Schiller mit seinem „Alpenjäger“. Die Mutter fragte ihren Sohn:

„Willst du nicht das Lämmlein hüten?
Lämmlein ist so fromm und sanft,
nährt sich von des Grases Blüten,
spielend an des Baches Ranft.“

Der Junge antwortete:

„Mutter, Mutter, lass mich gehen,
jagen nach des Berges Höhen!“

„Willst du nicht die Herde locken
mit des Hornes munterm Klang?
Lieblich tönt der Schall der Glocken
in des Waldes Lustgesang.“

„Mutter, Mutter, lass mich gehen,
schweifen auf den wilden Höhen!“

„Willst du nicht die Blümlein warten,
die im Beete freundlich stehn?
Draußen ladet dich kein Garten,
wild ist‘s auf den wilden Höhn.“

„Lass die Blümlein, lass sie blühen!
Mutter, Mutter, lass mich ziehen!“

Und der Knabe ging zu jagen,
und es treibt und reißt ihn fort,
rastlos fort mit blindem Wagen
an des Berges finstern Ort,
vor ihm her mit Windesschnelle
flieht die zitternde Gazelle.
Auf der Felsen nackte Klippen
trägt sie der gewagte Sprung,
aber hinter ihr verwogen
folgt er mit dem Todesbogen.

Jetzo auf den schroffen Zinken
hängt sie auf dem höchsten Grat,
wo die Felsen jäh versinken
und verschwunden ist der Pfad.
Unter sich die steile Höhe,
hinter sich des Feindes Nähe.
Mit des Jammers stummen Blicken
fleht sie zu dem harten Mann,
fleht umsonst, denn loszudrücken
legt er schon den Bogen an.
Plötzlich aus der Felsenspalte
tritt der Geist, der Bergesalte.
Und mit seinen Götterhänden
schützt er das gequälte Tier.
„Musst du Tod und Jammer senden“,
ruft er, „bis herauf zu mir?
Raum für alle hat die Erde,
was verfolgt du meine Herde?“

Achim von Arnim nahm es nicht so genau:
„Mit Lust thät ich ausreiten
durch einen grünen Wald,
darin da hört ich singen,
drey Vöglein wohlgestalt.
Und sind es nicht drey Vögelein,
so sind‘s drey Fräulein fein;
soll mir das ein nicht werden,
so gilts das Leben mein.“

Von Carl Weitzmann wollen wir wegen seiner genialen Qualität sein „Jägerlied“ in voller Länge bringen:

„Mädel, schau mir in die Augen!
Sollst du für den Waidmann taugen,
muss dein Auge spiegelrein
wie des Baches Quelle sein.
Du musst gleich den flücht‘gen Rehen
dich auf deinen Läufen drehen,
gleich appel sein und apport
auf des Jägers Pfiff und Wort.
Mir zum Schmalthier auserkoren,
bist du nur für mich geboren,
und ich will auch ganz allein
den getreuer Spisser sein.
Soll dir nicht an Äezung fehlen.
Wo du wirst dein Lager wählen,
treff ich jeden Abend ein,
will des Kalbes Vater sein.
Doch den Wechsel musst du meiden,
keinen Kümm‘rer um dich leiden,
stets in meinem Jagdrevier
bleiben als ein frommes Thier.
Würde das Geschick sich wenden,
und wir beide einst verenden,
und man uns Hallali schreit,
dann wird unser Bund erneut.“

Johann Wolfgang von Goethe saß in der Falle, denn sein Arbeitgeber, der Herzog Carl August war ein Anhänger der Jagd, damals Feudaljagd genannt, und dessen Wild verursachte große Schäden den ländlichen Bauern, was er natürlich zwar ungern sah, aber nichts zugunsten der Landwirte „herausrücken wollte. Im Gegenteil: Er ließ Wildschweine

aussetzen, weil von den vorhandenen zu viele von ihm und seinen adeligen Jagdgästen abgeschossen worden waren. Goethe wagte einen Brief an den Herzog folgenden Inhalts: „Auch die Jagdlust gönne ich Ihnen von Herzen und nähre die Hoffnung, daß Sie nach Ihrer Rückkunft die Ihrigen von der Sorge eines drohenden Übels befreyen werden. Ich meine die wühlenden Bewohner des Etterberges, noch habe ich nichts so allgemein mißbilligen sehen, es ist darüber nur eine Stimme. Gutsbesitzer, Pächter, Unterthanen, Dienerschaft, die Jägereiy selbst alles vereinigt sich in dem Wunsche, diese Gäste vertilgt zu sehen."
Gemeint sind die vielen Wildschweine, die zum Vergnügen, sie abzuschießen, gehalten werden. Es ist die hohe Zeit der Wilddiebe, die Europa wie eine dunkle Wolke in allen Himmelsrichtungen überzieht. Noch muss ein ertappter Wilddieb mit der Todesstrafe rechnen... Zitieren wir hier noch einmal Hermann Löns, die letzte Strophe seines Gedichts „Die schönste Jagd":
„Und geht der Wind wohl hin und her,
und trifft er wenig an,
dann sucht mein Schatz ein andres Wild,
auf das er jagen kann.
Ja, das Schießen, das lernt sich,
wenn man fleißig es übt,
auf Hirsche und Hasen
und was es sonst wohl noch gibt."

Das Essen. Wir bringen am Ende des Buches mehr darüber. Hier nur so viel, dass man sagen kann: Es war karg. Man musste mit dem auskommen, was vorhanden war, wie die Tierwelt selbst auch. Und wenn es stimmt, dass die

Menschwerdung im mittleren Afrika stattfand, war das Auskommen wahrlich nicht schlecht! Es wuchs dort alles besser als weiter nördlich oder südlich auf der Erde – wir führen für heutzutage nur an, dass in Kenia in einer Höhenlage von 2.000 Metern zwei Weizenernten im Jahr möglich sind – während „unsere" Landwirte oftmals Mühe haben, eine Ernte einzufahren. Und das Fleisch! Wer heute, wie Jäger es gern tun, den Wildbestand Europas mit dem Ostafrikas vergleicht, weiß, was hier gemeint ist. Und der „erste Beruf" des Menschen, sagt man, soll der des Jägers und nicht des Sammlers und Gärtners gewesen sein. „Fangen wir nun mit unserem Thema an!"

Göttliche Jägerinnen und Jäger

Vorab wollen wir unsere Höflichkeit pflegen und, weil es hier ja um Jagd geht, zwei Damen vorstellen, und weisen darauf hin, dass sie nicht mehr leben können oder gar nicht gelebt haben: die Jagdgöttinnen Skadi aus dem kalten Norden und ihre Kusine Diana vom sonnigen Mittelmeer. Wir haben sie auf einem Bild vereinigt. Hier ihre Vitae:

Skadi. Nachdem die Götter ihren Vater Thiazi umgebracht hatten, reiste sie nach Asgard, um Sühne zu verlangen, zum Beispiel einen Ehemann. Diese Bitte wurde erfüllt und sie wählte statt Baldur Njördr wegen seiner Füße aus. Auch wollte sie zum Lachen gebracht werden, und diese Bitte erfüllte der Bösewicht Loki: Mit Hilfe eines Ziegenbocks. Er band dessen Hoden mit dem Bart zusammen, und bei dessen Verrenkungen soll Skadi in Gelächter ausgebrochen sein. So versöhnte sie sich mit den Asen, (die in fast jedem Kreuzworträtsel heute noch vorkommen), Odin tat noch zum Dank eins drauf, verwandelte ihres Vaters Augen in Sterne und warf sie gen Himmel, damit sie funkelten.

Dass ihre Ehe nicht gut ging, verwundert bei dieser Rasselbande von Göttern nicht. Er liebte das Treiben am Meer, sie mehr die Jagd. Und sie nahm Rache an Loki: Durch eine ans Haupt geschlungene Giftschlange ließ sie ihn töten. Dann zeugte sie mit Odin den Norwegerkönig Säming.

Diana. Ihr Name wird vom lateinischen *dius* abgeleitet, was taghell oder leuchtend bedeutet. Sie ist ursprünglich eine italische (nicht italienische) Gottheit, nicht nur die Göttin der Jagd, sondern auch des Mondes, der Geburt und die Beschützerin des weiblichen Geschlechts. Ihr Heiligtum befand sich in den Albaner Bergen und wurde Dianinum genannt. Insgesamt erscheint sie uns als Mittelmeer-Bewohnerin sympathischer als alle jene Heldinnen des Nordens, die vor Liebeskummer nicht wussten, was sie anstellen sollten. Zwei Göttinnen auf einem Bild! Links Skadi und rechts Diana. Die Geschichte der Menschheit, hieß es in einer Radiosendung klug und weise, wurde zivilisatorisch zum Großteil von sammelnden Frauen und jagenden Männern geprägt. (In den Zwischenzeiten wurde sich fleißig vermehrt und eifrig Krieg geführt.) Doch merkwürdig: Auch die Männer verehrten nicht Götter, sondern Göttinnen der Jagd. (Kein Wunder: Denn diese waren sicherlich alle „schnieke Püppchen“, wie später die Berliner sagten.) Jagdgöttinnen offenbarten sich als Spenderinnen der Nahrung, (an wen?), sühnten die jägerische Tötungsschuld, (also gab es schon Gruppen, welche die Jagd auf Tiere konsequent ablehnten), agierten als Herrinnen der

Tiere, (auch bei Löwen und Nilkrokodilen?), und Göttinnen in der wilden Natur, (und kamen mit der knappen Bekleidung bei Schwärmen von Moskitos, Zecken und Bremsen aus?)

Sie spiegeln ein archaisches Frauenbild wider, das von der Domestikation als Hausmütterchen und Dienerin des Mannes noch nichts weiß. Jagdgöttinnen sind immer jungfräulich, und das hat einen Grund, der zu enträtseln ist. (Wahrscheinlich kannten sie schon unseren modernen Handkantenschlag und wussten bereits, wo ein lüsterner Kerl am wirksamsten zu treffen ist – notzüchtigen nennt man das wohl.

Nun zu den göttlichen Jägern. Der eine heißt **Uller** oder **Ullr, w**as Glanz und Ruhm bedeutet und er ist in der nordischen Mythologie der Gott des Winters, der Jagd, der Weide und des Ackers. Des Zweikampfes wohlgemerkt auch, denn wo gab es mehr Stellungskämpfe als unter den Göttern! Uller gehört den Asen an und wohnte in der Halle Ydalir. Die Forschung weiß noch mehr über ihn: Er soll ein sehr alter Gott gewesen sein und wurde noch älter, denn er taucht in der Edda als Sif auf und Stiefsohn des Thor. Sein Name hat sich bis in unsere Zeit gerettet. Zwei Anhänger, die wir dank Wikipedia hier zeigen, sind vielen Wintersportlern bekannt und dienen als Talismans und heißen Ullr-Medaillen.

Wir stellen als zweiten Helden den allbekannten Heiligen **Hubertus von Lüttich** vor, der schon zur Christenzeit bekannt wurde und zu den „Vier Marschällen Gottes“ zählte, (Rang und Namen galten also schon in der Antike!) Daran änderte das aufkommende Christentum wenig. Denn der Papst sah es ungern, wenn seine Gläubigen am Karfreitag auf die Jagd gingen. Und so kam es zu einem Vorgang, der bis heute sich nicht wiederholt hat: Ein Hirsch, der eigentlich in die Kochtöpfe wandern sollte, stand plötzlich vor dem Jäger namens Hubertus und hatte sein „geweihtes“ Haupt mit einem Kreuz verziert, das zwischen den beiden Geweihenden weithin leuchtete. (Da wäre auch deutschen Grünröcken das Schießen vergangen.) Seitdem wird jeder männliche Hirsch nach seinen Geweihspitzen bewertet – von den „Tieren“, gemeint sind die Weibchen, wird er offensichtlich noch höher eingeschätzt als vom Menschen.

Womit jagten nun diese Göttinnen und Götter? Wir sehen weibliche Götter meist mit Pfeil und Bogen und in Begleitung zahmen Wildes, vornehmlich ebenso rank und schlang wie jene. Wir glauben nicht, dass sie „ein solches Gedöns“ ums Jagen veranstalteten wie männliche Jäger. Diese waren allerdings seit Urzeiten schwer bewaffnet und beherrschten ihre Spieße, Lanzen, Speere und Bögen mindestens so sicher wie die üblichen Soldaten der Zeit. Wir wissen von Felsmalereien, als die Menschen noch in wetterfesten Steinhöhlen hausten und nicht wussten, was sie tun sollten, dass sie ihre Jagdabenteuer auf die Felswände brachten und dass der Kampf Mann gegen Ur = Auerochse, der eigentlich Auerbulle heißen müsste, ein Kampf „Mann gegen Mann“ war – wie im Krieg!

Pfeil und Bogen waren eine Erfindung, die den Fernkampf einläutete. Bedenken wir, dass die amerikanischen Indianer am Ende ihres Überlebenskampfes, noch mit Pfeil und Bogen gegen Repetiergewehre ankämpften. Wir können hier aus Platzmangel nicht die Geschichte der Schusswaffen behandeln, weisen jedoch darauf hin und zeigen ein Bild Dürers, auf dem zu sehen ist, wie einem starken Rothirsch auf fürstlicher Jagd der gefiederte Pfeil in der Nähe des Auges tief in den Kopf gedrungen ist. Aus der Kombination „Pfeil und Bogen“ entstand die Armbrust, die wiederum Vorgängerin des Gewehrs wurde – damit war das Explosivgeschoss geboren, dass, schon im Ersten Weltkrieg, Paris aus 50 Kilometer Entfernung beschießen konnte.

Man sollte als Tierkenner meinen, dass Wildtiere in einer solch lauten Welt nicht existieren könnten – weit gefehlt! Heutzutage sind zum Beispiel Truppenübungsplätze ein Eldorado von Rehen, Hirschen, Hasen, Wildschweinen, Rebhühnern und Fasanen, gar von Trappen geworden – welche bekanntlich den höchsten Fluchtabstand zum Menschen halten. Der Autor erlaubt sich an dieser Stelle, auf sein Buch „Abenteuer Kriegshunde in den Weltkriegen“ zu verweisen, das 2012 veröffentlicht wurde:

ISBN 978-3-96103-244-0

* * * * * *

Vorstellung des Autors und seiner Kameras

Hier soll es keine lange und umständliche Vorstellung geben. Den Autor hat man durch zahlreiche Bücher und Bilder kennengelernt. Er, aus einem längst vergangenen Jahrgang stammend, ist an der nahen Großstadt (MS) geboren und wegen des Krieges relativ früh in die Fremde verschlagen und dann im beruflichen Werdegang hin und her geschubst worden. Schon früh, nämlich unter 6, befasste er sich mit der Natur, besonders mit ihren kleinen und großen Tieren, so dass er damit den meisten Erwachsenen, allen Lehrern beiderlei Geschlechts überlegen wurde. Das ging natürlich auf Kosten anderen Wissens.

Während also normale Mitbürger einen vernünftigen desgleichen aus mir zu machen suchten und sich Haare rauften – glatzköpfige klopften auf Holz oder ihren eigenen Schädel – reagierten andere Bewohner des Erdballs positiv. Zum Beispiel: Abertausende Jungfrösche und –kröten, die nach ein paar Wochen als Amphibien in der bekannten Gräfte heranwuchsen und Kaulquappen genannt wurden, begaben sich im Mai und Juni an Land, nachdem sie die Metamorphose zum Lungenatmer durchgemacht hatten, an Land und damit auf die Fußgängerwege des Schlossgartens. Auf dieser Wanderung meist hügelaufwärts bildeten sie einen wandernden Teppich, den tagsüber nur wenige Wanderer wahrnahmen und abends oder nachts gar keine: Das Ergebnis waren unzählbare Leichen – nicht der Wanderer, sondern der Frösche und Kröten. Denn die Verwaltung des Gartens ließ diesen zwar bei Dunkelheit sperren, aber nicht der Tiere wegen.

Wie viel der ein Zentimeter kleinen Tiere wurden durch beispielsweise Schuhgröße 43 totgemacht? Ich habe es durch einen meiner Brüder feststellen lassen: Pro Quadratzentimeter Schuhfläche eines, und nun mal genommen mit der Schuhgröße und der Anzahl der Schritte auf diesen Wegen! Das Ergebnis haben wir dem Zooinspektor, dem Gartenverwalter, dem Regierungspräsidenten, dem Gauleiter am Aasee, (Nazigröße der Stadt) und den Redakteuren der Zeitungen bekanntgemacht. (Da war ich 6 und erntete frühen Ruhm unter jugendlichen und älteren Tierfreunden der Stadt). Man glaube aber nicht, dass Kriechtiere wie Kröten, Unken, Frösche, Eidechsen und anderes „Gewürm“ eine so genannte Lobby in der Bevölkerung besaß. Darum will ich diesen vergessenen Vorgang nicht weiter ausbreiten – heutzutage wäre das nicht so bescheiden möglich gewesen!

* * * * * *

Es ist nicht meine Absicht, meine Vita hier auszubreiten – darum verweise ich auf frühere Bücher. Zum Beispiel: „Pimpfe, Pauker und Propheten“, ISBN 978-3-96103-155-9, „Ein Mäusekrieg von 1938 bis 1954“, ISBN 978-3-96103-219-8, „Nelli der Einzige“, ISBN 978-3-96103-408-6 und „Meine Kriechtiere und ich“, ISBN 978-3-96103-634-9.

Nur meine bisherigen Aufenthalte lasse ich noch folgen, ehe das eigentliche Buch beginnt: Münster, Kattenvenne, Limburg, Neckarsteinach, Münster, Tegernsee, Lenggries, Kattenvenne, Ringel, Exterheide, Blasheim, Obermehnen, Münster, Südbrookmerland und Greven – „Endstation ohne Sehnsucht!“

Dieses Buch ist nicht anders „aufgebaut“ als üblich. Es gibt keine logisch aufeinander folgende Abenteuer-Geschichten. Dieses folgt einem Thema, das von Beginn unseres belebten Planeten an die „zweite Geige“ spielt: „Die Jagd – die erste Geige spielt bekanntlich „uns selbst“! Die Bilder, meist Fotos! Sie sind oft „miteinander verwandt“, sie stammen teils aus dem tausendfachen Archiv des Autors, teils sind sie den bekannten Internetarchiven entnommen –

denen hiermit gedankt sei! Hätte ich sie alle honorieren müssen, wäre dieses Buch nicht entstanden. (Wie alle meine Bücher „nicht für den Markt“ geschrieben sind!)
Ich habe mir erlaubt, einige Bilder zu entfremden oder sonstwie der Malerei zuzuordnen - „über Geschmack lässt sich ja streiten“! Wenn ich auch bei den meisten Abenteuern draußen kaum „unbewaffnet“ war – Kameras von Agfa bis Zeiss waren meine Waffen – so gab es doch Momente, in denen ich nicht schießen konnte und andere wollten es nicht. Dazu gehört das Abenteuer des Jagdbesitzers Arno Biestermann vom „wilden Eber und einem Liebespärchen“, das nicht zu einem Happy-Ende führte. Vorerst jedoch sollen die verwendeten Kameras benannt werden.

In dieser Zeit benutzte ich nur vier von vielen anderen Kameras, die später zu meinem Sortiment gehörten. Da war die alte Platten- oder Planfilmkamera von Zeiss-Ikon, die ich über Nacht an Bauen, Wechseln und anderen vom Wild oft aufgesuchten Örtlichkeiten abends aufstellte und morgens vorm Hellwerden wieder einsammelte. Stahl sie jemand, der mich beobachtete, dann war der Verlust nicht hoch. Wurde sie ausgelöst, war die Spannung beim Entwickeln groß. Es folgte sie abgebildete Leica für Kleinbildfilme. Weil diese bei Farbdias bald nicht mehr ausreichte, musste eine 6x6-Kamera her. Da bot Hasselblad aus Schweden die beste an, zumal es bereits für die 500C eine große Auswahl an Objektiven und anderem Zubehör gab. Diese 6x6-Dias von Tieren und Pflanzen wurden mir regelrecht aus den Händen gerissen. Bald wurden die Kameras digital und damit schieden die Großbildkameras aus dem Rennen: Eine Hasselblad, die mir ausgeliehen wurde, sollte ohne Zubehör eine hohe fünfstellige Zahl kosten – zu viel für einen Fotografen, der seine Fotos „auf Verdacht“, also ohne feste Abnehmer machte. Da blieben die Kameras von Nikon, Leica und etc. übrig – heute kann man mit dem Smartphon Aufnahmen machen, dass die Ohren wackeln… Aber eines ist ein richtiger Fortschritt: Dass man nicht mehr Hunderte von Filmen mitführen muss und sofort über die Kamera vom Erfolg der Arbeit unterrichtet wird…

Der tüchtigste deutsche Jäger

Auch unter der Gefahr, in den Ruch zu kommen, die Jagd in den Augen meiner Leserschaft negativ darzustellen, möchte ich es nicht unterlassen, den fleißigsten deutschen Jäger hier gebührend vorzustellen. Jeder kennt ihn namentlich. Sein linker Arm war ein wenig verkümmert, er schoss dennoch und traf vorzüglich, wenn er die schwere Büchse nur mit der Rechten hielt. Er konnte nur darum mehr Schüsse abgeben wie sonst keiner im Deutschen Reich, weil er von Helfern umringt war, welche seine anderen Jagdgewehre immer stets geladen hatten und sie ihm reichten, wenn er danach verlangte.

Eine Fuchsjagd, für morgen anberaumt, fand dann in der Regel folgendermaßen statt. (Man hatte immer für genügend Füchse vorgesorgt.) Während „unser“ Jäger genügend schlief, um am nächsten Tag fit zu sein, waren „seine“ Jagdgehilfen fleißig bis dorthinaus. Man kannte natürlich alle Fuchsbauten der fraglichen Gegend, hatte sie sogar in den Jahren zuvor anlegen lassen, und nun standen sie zur Verfügung. Am Abend vor der Veranstaltung rückte die höfische Jägerschaft aus und hatte zehn bis zwanzig ausgewachsene Füchse im Gepäck – für vermutlich alle von ihnen war die letzte Nacht angebrochen. Sie wurden in die Baue gestoßen und waren vorerst froh, in Freiheit zu sein. Doch das Unheil brach in Form des „allerhöchsten“ Jagdherrn über sie herein. Wir wollen es hier kurz machen: Die Dachshunde und Fuchspacker wurden in den Bau gelassen und trieben die Füchse nach draußen – dort stand der Kaiser…

Am 20. September 1898 gab‘s ein Jubiläum, wie ein Gedenkstein in typischer Untertanensprache verrät:
„Unser durchlauchtigster Markgraff und Herre Kaiser Wilhelm II. faellte allhier am 20. IX. anno domini 1898 Allerhöchst Seinen 1000. Edel Hirschen von 20 Enden.“
Wir wollen einmal nachrechnen, was meines Wissens noch niemand gemacht hat: Wie viel Stunden hat dieses Oberhaupt des Staates vertan, um diese Leistung zu vollbringen? Rechnen wir pro Hirsch fünf Stunden von der Idee oder Planung bis zum Erlegen, dann kommen wir auf 5.000 Stunden oder 20 Tage, in denen die Arbeitszeit des Hohen Herren dem Reich verloren gegangen sind – es spricht nicht für ihn, dass dies nichts ausgemacht hat.

Vier Jahre später ließ das Hofamt verlauten, der Kaiser habe nun die Zahl von über 47.000 Stück Wild erreicht. Er hatte überall in Springe, Masuren und Schlesien seine Ort, wo Hirsche und Wildschweine eingegattert = eingesperrt waren, die nun vor seine Büchse getrieben wurden – wo sollte solch ein Mann die Energie hernehmen und in Ruhe auf einem Hochsitz „zu sitzen“ und auf anwechselndes Wild zu schießen!

* * * * * *

Von hier an wollen wir „ordentlich“ jagen und uns an teils lustige, teilweise dramatische Jagdereignisse erfreuen. Sie haben alle stattgefunden und der Autor glaubt nicht, einigen Erzählern aufgesessen zu sein. (Das altrömische Latein lebt ja außer im Kirchenlatein im Jägerlatein weiter.) Und das Angeben und Übertreiben bei ein paar Gläschen Wein oder Weinbrand liegt uns heutigen Menschen genauso im Blut, wie den alten Germanen, die einst in Mitteleuropa wohnten, arbeiteten, kämpften und litten. Ihre Hauptsorge galt dem Sattwerden. Darum ist der Mensch ein Allesesser geworden, und weil man Fleisch nicht aus dem Boden züchten kann wie Rüben, Getreide und Salat, mussten sich die Männer seit jeher der Jagd widmen. Um das zu verstehen, wollen wir uns an den Hof des bekanntesten Germanen verziehen, den uns die Römer überliefert haben: den Cherusker Hermann, auch Arminius genannt. Die Frauen des Hofes, in Sorge um die kaum haltbaren Fleischvorräte, verlangten es: „Männer, seid nicht so faul und schaut nicht immer den Maiden nach, sondern holt Bärenfleisch ins Haus!“

Drei Jagdabenteuer

Eine germanische Bärenjagd. Der europäische Braunbär *(Ursus arctos)* ist ein schwerer Kerl und ein flotter dazu: Er kann 600 Kilogramm schwer werden und über 50 KmH laufen. Doch nur dann, wenn er im Sommer nicht gestört wird und Fett genug ansetzt, kann er ungestörten und ruhigen Winterschlaf halten; das ist ein Schlaf nach Dachsart und nicht wie beim Murmeltier und Igel. Diese schalten ganz ab, jene halten einen Körperbetrieb aufrecht, aus dem sie jederzeit zum Kütteln und Pinkeln aufwachen können. Sie suchen eine Höhle auf, wo sie auch ihre Jungen gebären, so dass diese im Frühjahr bereits recht munter sind.

Das weiß der Mensch zu nutzen. Hermann, noch nicht in Rom gewesen, ist jetzt 12 Jahre alt, schon der Anführer der jungen Leute und bricht nun mit ihnen zur Jagd auf.
„Und da schaut her!“
Die Bärin liegt, sich sonnend, im Eingang zur Höhle und brummelt sehr unwillig vor sich hin. Sie erhebt sich und möchte in die Höhle gehen.
„Wir müssen ihr Feuer untern Hintern machen.“
Ein Mann legt einen Pfeil auf den Bogen, der mit einem Büschel Stroh versehen ist. Dieses wird entzündet und prompt hat die Bärin einen brennenden Popo. Sie brüllt auf und stürmt in die Höhle zu ihren Kindern oder sonstigen Verwandten.

Derweil werden Bäumchen gefällt und die Höhle wird sofort derart verbarrikadiert, dass sie die Bären nur auf-, aber nicht festhält. Dann werden „Buschken – die gibt‘s heute noch – angezündet und in die Höhle geworfen, welche den Qualm regelrecht einsaugt. Brüllen, Brummen, Husten und Röcheln sind die Antworten. Dann taucht die Bärin wieder auf und macht sich wütend an der Sperre zu schaffen: Im Nu hat sie 20 Pfeile und drei Lanzen in sich stecken, doch das hell leuchtende Feuer hinten in der Höhle lässt ihr keine Wahl – zumal ihre drei Kinder die Sperre bereits unterkrochen haben und „empfangsbereit“ für ein halbes Dutzend Hieben von Keulen zwischen den Menschen umherirren.

Kurz und nur für die Jäger gut: Die Bärin und der Bär, der wütend hinzugekommen ist, werden von den Spezialisten der Familie, vier Jungens unter 20, angegangen und so lange mit Lanzen gespießt, bis sie verblutend hinsinken. (Sagte man damals schon „Waidmannsheil“?) Wohl nicht. Wer von uns sich heute über derartige Jagdmethoden aufregt, sollte bedenken, dass ein 20-köpfiger Haushalt – damals wahrhaftig nichts Besonderes – jetzt für einen Monat mit Fleisch versorgt war und noch ein paar Winterpelze dazu besaß.

Die Vorfahren dieser Germanen bis nach Island hinauf, wo die Götter und ihre Gespielinnen lebten und stets Rheuma und kalte Füße hatten, konnten in einem Kraftakt statt aggressiver Eis- und Braunbären die Mammuts bejagen – für uns heute unvorstellbar, welche Festtage in Fressen und Saufen dadurch entstanden! Wir sind jetzt so weit, in die Gegenwart zu starten...

Stelldichein interruptus. Man muss zu dieser etwas komischen Geschichte wissen, dass ein männliches Hausschwein Eber heißt und sein nicht domestizierter Kollege Keiler. Heute nun sollte der Keiler Egon, der alle Revierbesucher in Schrecken versetzte, durch einen Blattschuss fallen. „Blattschuss“ nennt der Jäger einen Volltreffer ins Herz. Förster Arno hockte bereits auf seinem Hochsitz, während Egon vor ihm in einem Gesträuchhaufen den Rest des Tages verschlief – sie wussten aber nichts voneinander!

Da kamen einher: Otto und Ottilie, durch ihre Arme fest verbunden, und suchten nach einem Balzplatz.

„Dort der Haufen wäre ideal“, sagten sie unisono und steuerten ihn an. Arno geriet in Sorge, denn er hatte just eben durchs Glas bemerkt, dass der Haufen sich manchmal bewegte, wie beim leichten Erdbeben oder so. Doch eingreifen? Nein! Im Nu waren Otto und Ottilie beim Haufen und begannen mit ihren wichtigen bevölkerungspolitischen Vorrichtungen, als eine Explosion sie in die Luft warf: Zwischen ihnen hindurch brach Egon mit einem empörten Grunzen und weit schallenden Gequieke, dass alle mithörenden Revierbewohner, befiederte wie behaarte, fünf Sekunden schwiegen. Diese Zeit gedachte der Keiler zur Flucht zu nutzen – doch Arno war schnell, seine Kugel noch schneller: Sie traf ihn von hinten ins Herz, so dass er sich zu Tode stolperte.

Indessen wäre Ottilie desgleichen passiert, wenn sie nicht von der Idee besessen worden wäre, „nie, niemals, nimmer und ewig mehr ein Schweinerevier zu betreten!“ Während Otto noch mit Arno schwadronierte und sie sich halbtot zu lachen begannen, war Ottilie zu ihrem ersten und letzten Marathonlauf gestartet, der sie für immer meilenweit von Otto fortbrachte – er sah, hörte und las nie wieder etwas von ihr und über sie…

Der Tod eines Wilderers. „Sie wurden früher“, erzählte Jagdaufseher Christian Möller gemächlich und meinte die Wilderer, „abgenippelt wie überreife Pflaumen, wenn sie auf frischer Tat erwischt wurden. Im Gegenzug fackelten sie nicht lange, wenn sie einen Jagdberechtigten im Visier hatten.“ Herr Christian war 90, als er von früher berichtete.
„Früher? War das im Mittelalter?“
„Nee, nach‘em letzten Krieg, ab 1945, als es nix zu fressen gab.“
Da war Christian in letzter Sekunde von der Oder „weck nach hier getürmt.“ Das wusste von denen, die schon wie-

der zurück oder noch da waren, keiner; auch Friedhelm, 17, nicht, dessen gewilderte Rehe, Hirsche, Sauen, Hasen und Fasane in den Kochtöpfen „armer Leute“ landeten.
„Ich stellte ihn per Zufall“, erzählte Christian, „als ich im Abendlicht eine Hand freche Bremsen verscheuchen sah.“ Das Jagdglas her und gerichtet! „Ja, hinter einem schlanken Wacholder sah ich einen Hund in meine Richtung blicken, dann den Kopf eines Rehbocks halb verdeckt und ein Gewehr an den Baum gelehnt.“

Als Christian noch überlegte, wie er vorzugehen hatte, bellte der Hund einmal, worauf er schwieg und aus Christians Blick- und Schussfeld gezogen wurde. Auch der tote Bock verschwand, ebenso das Gewehr. Dann schoss der Wilderer durch den grünen Wacholder hindurch auf Christians Jacke, wo die Kugel ein Loch in derselben hinterließ, ehe sie seine Haut streifte und einen blutigen Streifen zog.

Christian hatte das Feuer nicht zuerst eröffnen wollen, doch nun war jede Rücksichtnahme nutzlos und lebensgefährlich. Er lud zwei Sauposten in sein Gewehr und kalkulierte: Wenn jener durch den Wacholder schoss, dann konnte er das auch – gedacht und getan. Ehe Friedhelm seine Flucht in gerader Linie von Christian und dem Wacholder in die Tat umsetzen konnte und nur wenige Meter bis zu einer starken Eiche vor sich hatte, erreichten die zwei starken Geschosse seinen Rücken und zerschmetterten seine Wirbelsäule.

„Den Knall er nicht vernommen hat“,
„es saß die Kugel Mitte Blatt.“
Dichtete einmal Hermann Löns. So war‘s nicht ganz. Doch Friedhelm wurde nirgendwo vermisst und wurde schließ-

lich von Füchsen, Dachsen und Sauen „reziklierl" – wie die Schweizer sagen.

Eine bisher unbekannte Tierfabel

Diese Fabel bezieht sich auf unser Titelbild, das aus der Landsknechtszeit zu stammen scheint. Nur feine Damen der so genannten Gesellschaft konnten sich derart jagdlich kleiden. Der höchst bedrohte Feldhase (*Lepus europäus*), schon damals ein Leckerbissen und oft durch einen „Dachhasen" = Katze ersetzt, galt als klug, listig und raffiniert und schien mit den damaligen Gewehren kaum erreichbar. Gerade deshalb wollte Baroness Roswitha von Falkenstein einen schießen und präparieren lassen. Sie richtete die Waffe auf den nächsten und größten Hasen

„Halt, Gnä'Frau!", rief der Hase und richtete sich auf, „nicht schießen!"

„Warum nicht, du Angsthase?"

„Sie sind just dabei", antwortete der Hase, „einen Bock zu schießen! Kennt Ihr nicht das alte Sprichwort von…!"

„Sprich, sonst schieße ich!"

„Ich zitiere, Frau Jägermeister:

„So manche Dame im Grünen Rock
schießt im Leben mal 'nen Bock.'"

„Na und!"

„Einen Bock schießen bedeutet auch einen Fehler machen, oder?"

„Na und?"

„Euer König, der Oberste Jagdherr, hat verboten, uns in Ruhestellung, im Sitzen und in der Sasse liegend, zu

erschießen, nur während wir wie die Hasen laufen, dürft Ihr schießen."
„So lauf doch, alter Schwätzer!"
„Ich denke nicht daran und meine Kameraden auch nicht."
„Dann lasse ich die Hunde kommen. Die machen euch Beine!"
„Im Jagerischen heißen Hasenbeine Läufe. Aber wenn Ihr geht, machen wir uns auch auf die Socken."

So ist die faire Regel, dass Hasen nur „auf der Flucht" beschossen werden dürfen, bis heute erhalten geblieben...

Die Ringeltauben von Greven

Früher sagten Jäger aus eigener Erfahrung und in guter Anerkennung:
„Die Wildtaube (Ringeltaube) hat auf jeder Feder ein Auge."
Das sollte natürlich heißen, dass sie besonders wachsam sei. Dies gilt auch heute noch für jene Exemplare, die in der freien Wildbahn, dem Jagdrevier also, verblieben sind. Für jene freilich, welche Stadtmenschen den Grünröcken vorziehen, müsste es heißen:
„Die Wildtaube hat auf jedem Auge eine Feder."

Ja, aus einem großen Teil der freien Taubenbestände noch vor 50 Jahren sind Stadtflüchter geworden, die sich jedoch nicht mit den schon vorhandenen Turtel-, Türken-, Hohl- und Brieftauben vermischen. Letztere nennt man jene, die in Groß- und Weltstädten in großen Schwärmen vorkommen und die letzte Scheu eines einst wilden Tieres dem Menschen gegenüber verloren haben. Sie sind die Abkommen der Felsentaube, die nur im Felsgestein lebte und setzen sich niemals auf einen Zweig oder Baum. In der Innenstadt Grevens gibt es auch einige, die von der Bettelei leben.

Die Grevener Ringeltauben *(Columba palumbus)* haben ihren alten Lebensstil beibehalten, sie sind einfach vor ihren Fressfeinden ausgerückt – Habicht, Falke und Marder sind ihnen nicht gefolgt. Die in ihren Revieren verbliebenen Tauben werden als Jagdwild betrachtet – und arg geschossen: 2005 zum Beispiel über 900.000. Der Autor hat noch jenen Teil der Landbevölkerung kennengelernt, der früher kaum Geflügel aß und diese Holz- oder Waldtauben, bevor sie flügge wurden und damit ziemlich fett waren, aus den Nestern stahl und im eigenen Küchenherd briet.

Ein Grevener Stadtgärtner, der gegen diese Stadttauben mal vorgeht, macht sich der Wilderei schuldig! Im Winter ziehen die Exemplare nicht nach Süden, sondern verteilen sich in großen Verbänden ins freie Feld und auch auf Müllhalden – im Frühjahr sind sie wieder in der Stadt, um ihre meist zweimal zwei Jungen aufzuziehen. So wird diese Art nie gefährdet sein. Unsere Bildseite dokumentiert, dass sie sich hier wohlfühlen und kaum der Bettelei verfallen.

Dieses Hauptschwein machte der Liebhaber des ersten Paares, das wir hier vorführen, dafür verantwortlich, dass das Techtelmechtel abrupt abgebrochen wurde und seine Geliebte ihm für immer aus den Augen kam.

Zwei Göttinnen und Herrinnen der Jagd: Links Skadi, rechts Diana. Siehe Text!

Rechts oben: Uller, rechts unten der Heilige Hubertus. Links oben: Der Talisman Ullers, links Mitte: seine Rückseite. Links unten das Wappen von Willich-Schiefburg. Siehe Text!

Oben: Felszeichnungen,
unten eine Armbrust, die mechanisch
gespannt werden konnte.

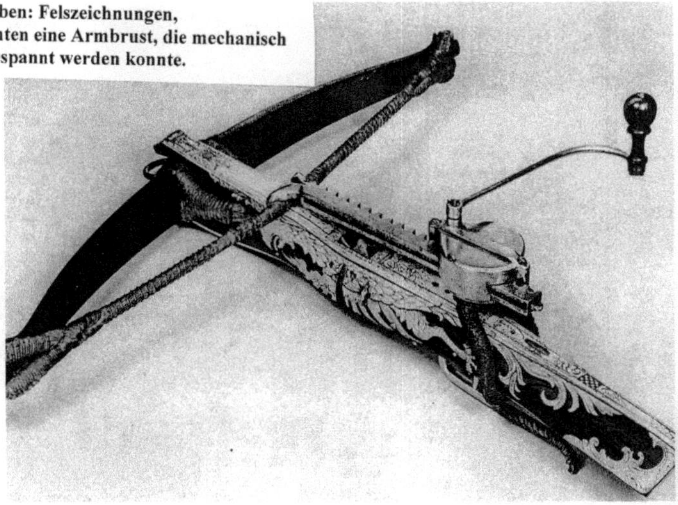

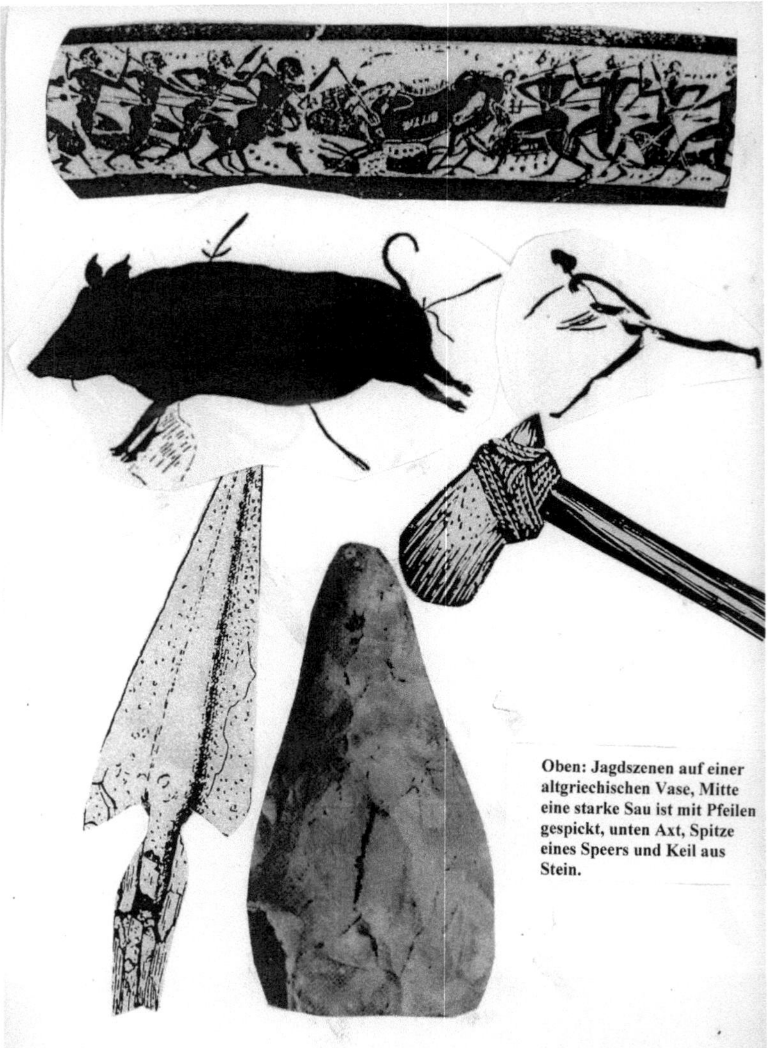

Oben: Jagdszenen auf einer altgriechischen Vase, Mitte eine starke Sau ist mit Pfeilen gespickt, unten Axt, Spitze eines Speers und Keil aus Stein.

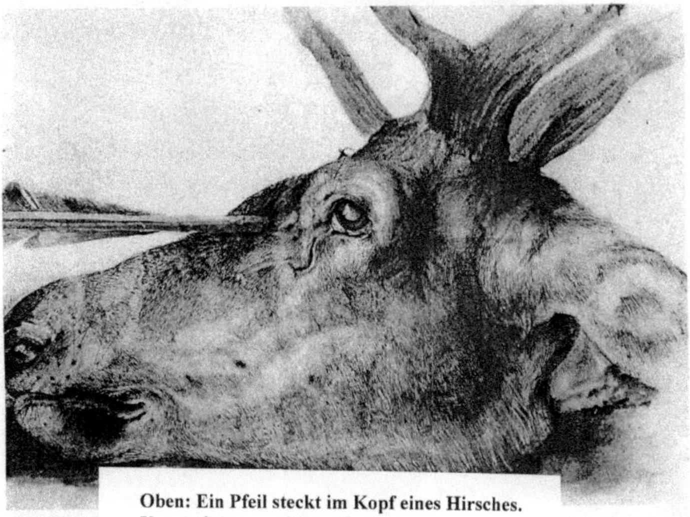

Oben: Ein Pfeil steckt im Kopf eines Hirsches.
Unten: Speer- und Lanzenspitzen

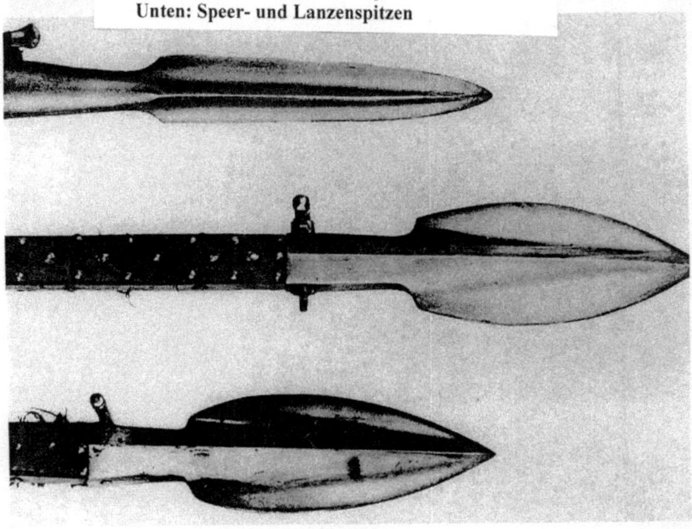

1. Was gleicht wohl auf Erden dem Jägervergnügen?
Wem sprudelt der Becher des Lebens so reich?
Beim Klange der Hörner im Grünen zu liegen,
Den Hirsch zu verfolgen durch Dickicht und Teich,
Ist fürstliche Freude, ist männlich Verlangen,
Erstarket die Glieder und würzet das Mahl.
Wenn Wälder und Felsen uns hallend umfangen,
Tönt freier und freud'ger der volle Pokal!

Text der 1. Strophe und Noten des Jägerliedes aus dem Freischütz Webers.

Kaiser Wilhelm II. legt Strecke, seine Unterschrift und seine Begleitung.

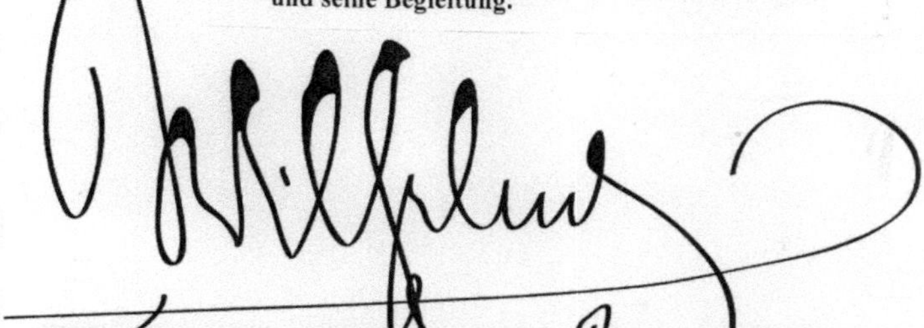

Bärenjagd war eine beliebte Tätigkeit der Germanen. Siehe Text!

Oben: Germanische Bärenjäger Unten: Sonntagsjäger

Die Ringeltauben der Stadt Greven in 5 Bildern.

Denkmal des Dichters Hermann Löns. Siehe Text

Dieser Schuss wird für einen Teilnehmer der Jagd tödlich – siehe Text!

Portrait eines drei Tage alten Rehkitzes. Ein Abbild tierischer Unschuld.

Im übernächsten Jahr wird aus dem Kitz
ein Spießer geworden sein.

Im fünften Jahr trägt der Bock ein Gehörn, hier ist es noch mit Bast umhüllt.

Die Entwicklung des Rehgehörns in 9 Bildern. Siehe Text! Abbildungen aus einem Sammelalbum von 1939.

„Der Vollmondhirsch". Siehe Text!

Die Entwicklung des Hirschgeweihs in 9 Bildern. Siehe Text! Abbildungen aus einem Sammelalbum von 1939.

In der Brunft- oder Paarungszeit rufen die männlichen Hirsche so laut, dass die Reviere erdröhnen, das nennt man röhren.

Das weibliche Reh heißt Ricke – hier eine in dunkler Nacht.

Der kapitale Damschaufler Hansi in einem Kornfeld bei Belm – Siehe Text!

„Aus dem Wagen geschossen“ - Siehe Text!

Der Hase von Wangerooge – siehe Text!

„Der tödliche Hochsitz“ - siehe Text!

„In der Not isst der Mensch Eichhörnchen“.
Siehe Text!

Oben: Der erste Dachs des Autors – er küttelt soeben!
Unten: Ein Dachs geht über eine vom Autor gebaute Brücke.

Dachs im nächtlichen Mückenschwarm.
Er frisst gerade einen Engerling.

Ein neugieriger Jungdachs. Er beschnüffelt die Gummistiefel des Autors.

Ein fast ausgewachsener Jungfuchs.

Elster „Maxi“ - siehe Text!

Bei einem Besuch in Masuren mit der Infrarot-Kamera geschossener Wisent.

Der neugierige Eichelhäher
auf der Hasselblad.

„Die Hasen von Langeoog" - siehe Text!

„Der Hase“ oben, und „der Marder“ unten – siehe Text!

Kollege Hausmarder – siehe Text!

„Wo Kohl wächst, sind auch Hasen“ - siehe Text!

Kaninchenplage – siehe Text!

Hermann Löns, 1866 bis 1914

Wenn man über Literatur schreibt, muss man den Roman-Schriftsteller Hermann Löns nicht unbedingt erwähnen, obwohl er lange nach seinem Tod in den ersten Tagen des Weltkriegs noch gelesen wird. Wenn es jedoch über die Jagd geht, so oder so, muss er genannt werden. Und weil er, von Münster her, in den Bockholter Bergen gewesen sein soll, wollen wir ihn mit seiner Erwähnung hier beehren.

Er war ein berühmter aber nicht prominenter Jäger, so richtig einer fürs Volk! Sein Beiname „der Heidedichter“ schränkt ihn unverhofft ein, hat aber der Lüneburger Heide zur Popularität verholfen, welche diese karge Landschaft damals gut gebrauchen konnte.

Wir wollen hier auf seine tristen familiären Angelegenheiten nicht eingehen, wobei Alkohol eine Hauptrolle spielte. Er wurde als erstes von 14 Kindern geboren. Das waren alles andere als fröhliche Zustände für ein junges Leben. Wir wollen dennoch einen großen Sprung machen und seine Leistungen aufzählen, denn er war vor seinem Tod schon bekannt wie ein bunter Hund. An Prosa-Werken schrieb er 18 Bücher, deren Absatz bis heute auf 10 Millionen Stück geschätzt wird. Es kommen 3 Gedichtbände hinzu. Weil er gut zeichnen und malen konnte, illustrierte er seine Bücher selbst und zeichnete bis zum Weltkrieg 85 farbige Postkarten.

Wie damals üblich vermenschlichte Löns seine tierischen Helden und gab ihnen Namen wie dem Hasen „Mümmelmann“, der sich bis auf ewig erhalten wird. Kritiker machten ihm darauf das Leben so schwer, dass er, wie sich zeigen sollte, durch Alkohol Trost suchte und das „Leben satt bekam“. Denken wir daran, dass der ebenfalls literarisch höchst erfolgreiche Karl May durch Neider in eine ähnliche Rolle fiel. Da wundert's nicht, dass Hermann Löns sich bei Ausbruch des Krieges trotz seines Alters freiwillig meldete und das Angebot, hinter der Front als fester Berichterstatter den Kugeln nicht so ausgesetzt zu sein, ablehnte – umsonst, mit einem der Trupps ging er befehlswidrig vor und prompt traf ihn am 26. September 1914 bei Reims der tödliche Schuss. Er soll sowohl in Frankreich als auch in Deutschland beigesetzt worden sein. In Deutschland tragen etwa 600 Straßen, 80 Plätze und 125 Schulen seinen Namen…

„Fasan – Fasan!"

„Da habe ich nun den Salat!"
Sagte Hermo Fester (Name geändert) erst zu sich selbst und dann den Jagdgenossen gegenüber. Ein Toter bei einem Jagdunglück ist tatsächlich kein Pappenstiel! Und das im Ausland, in der Tschechoslowakei.

Was ist geschehen? Er selbst hatte vor Wochen diese ungewöhnliche Jagdreise organisiert. Ungewöhnlich deswegen, weil die Schießerei mit Schrot ab Fasanengröße untersagt worden war. Darauf hatte der Veranstalter hingewiesen und bei Hermo sozusagen offene Türen eingerannt. Er gedachte nach erfolgreicher Reise in der BRD einen Verein zu gründen, der Schrot bei der Jagd generell verbot, damit kleineres Wild, das immer chancenloser wurde, „nicht ganz und gar ausgerottet werde".
„Bravo!", riefen viele aus der nichtgrünen Zunft.
„Spinnkopp!", ließ diese sich vernehmen.

Nun aber war etwas geschehen, das niemand, ob Nichtkontrahent oder nicht, hätte vorausahnen können – und jetzt lag ein Toter vor den Teilnehmern der Safari und sah nicht gut aus. Er starrte nach oben, woher dieses Unglück gekommen war.
„Eine Kugel kam geflogen…?“
Mitnichten! Der Endbericht, der auch in der Presse erschien, sagte folgendes aus:
„Die deutschen Teilnehmer jagten in einem Gebiet, das von einer Stromtrasse durchzogen war, und die einzelnen Leitungen hatten bisher niemanden, weder Mensch noch Tier, gestört. In der Zugzeit hockten Tausende von Staren oder Schwalben auf den Drähten, Greifvögel saßen im Gestänge der Träger und lauerten auf Beute. Da fand nun die Treibjagd statt, bei der wie üblich Hunde die Fasane hochmachten, weil, wie bekannt, hier Fasane, nur die Hähne, im Flug geschossen werden dürfen. Eines der Vollgeschosse ging schnack an einem Vogel vorbei, traf die oberhalb verlaufende Hochspannungsleitung und durchtrennte sie. Die Strom führende Leitung fiel nach unten und auf das Gewehr eines anderen Schützen...“
Blitz und Knall, kein Geschrei, die Energie Tausender von Volt verschmorte den Unglücklichen in einer Sekunde. Ehe im E-Werk abgeschaltet wurde, war der Erdboden im Umkreis von 5 Metern so aufgeladen, dass niemand ihn betreten konnte... Der traurige Vorfall setzte eine rege Debatte in Gang, die hier nicht näher beschrieben werden kann.

Der Rehbock

Was das Sprichwort „Einen Bock schießen“ bedeutet, haben wir weiter oben schon erwähnt. Hier möchten wir berichten, was Münsters Zooinspektor, einer meiner Freunde, über den jährlichen Wechsel des Gehörns zu berichten hat: „...Die Bezeichnung Gehörn ist für den Kopfschmuck eines hirschartigen Wiederkäuers nicht glücklich gewählt… (Der Autor erwähnt dann die anderen Hornträger wie Rinder, Ziegen, Schafe und Antilopen, die ja ihre Hörner nicht abwerfen und die lebenslang wachsen.) Der Kopfschmuck des Rehwildes entspricht im Aufbau und in der Anlage genau dem der anderen Hirschartigen. Wenn auch die Bezeichnung aus dem Altdeutschen überliefert wurde und für den Waidmann das Wort Rehgeweih ein Unding ist, so sollte man sich auf ein drittes neutrales Wort einigen, das allen Teilen in gleicher Weise gerecht wird. Wir schlagen dafür die Bezeichnung Rehkrone vor.“

Hier nun die Bezeichnung der abgebildeten „Kronenträger“ von 1 bis 9: 1 Kitzböckchen, 2 Spießer, 3 Gabler, 4 kapitaler Bock. 5 alter Abschussbock, 6 abnormes Gehörn, 7 Gehörn eines Korkenziehers, 8 Pendelstangenbock und 9 Perückenbock.

Dreimal Hansi

Hansi I. Wie ich, der Autor selbst, an meine Hansis gekommen bin, ist mir ein Rätsel. Beim ersten Hansi widerlegte ich die alte Jägerweisheit, dass die von Menschen berührten Rehkitze von der Mutter, Ricke genannt, nicht wieder angenommen und dass sie entweder umkommen würden oder vom Menschen aufgezogen werden müssten.
„Quatsch mit Soße“, sagte ich, nahm Hansi untern Arm und wollte ihn zurück zum Fundort bringen. Dort oben am Kalkberg des Teuto hatte ich ihn aus dem Brombeerge-

strüpp befreit, in dem er sich verheddert hatte und furchtbar quiekte und schrie. Er beruhigte sich auf meinen Armen, nachdem ich ihm ein paar Salmiakpastillen ins Mündchen geschoben hatte. Das Gezeter unten im Hof war groß, denn die Besitzer waren Geizkragen erster Klasse und jammerten schon um die Milch, welche Hansi wegschlabbern würde.

„Bring das Viehzeug zum Förster!“, befahl die Hausfrau.

„Niemals, dann bringe ich ihn zurück, wo seine Mama ihn vermissen wird.“

„Das geht nicht“, sagte der Hausherr, „er hat deinen Geruch aufgenommen und die Mutter wird sich weigern, ihn als ihr Kind anzunehmen.“

„Wer sagt das?“, fragte ich spöttisch.

„Ich und alle Jäger auch.“

„Soße mit Quatsch“, sagte ich und trabte mit Hansi bergauf.

Ich nahm das Nachtglas des Chefs mit, setzte Hansi an alter Stelle ab, wo ich die Dornen niedertrat oder ausriss, füllte sein Mäulchen mit Salmiakpastillen und verzog mich auf den nahen Hochsitz; dort würde ich zur Not übernachten. Zu meinem und Hansis Gunsten beschien der Mond die Szene. Nach einer Viertelstunde ahmte ich Hansis Schrei „Mama“ nach und vernahm im Feld eine Antwort. Und was ich selbst kaum für möglich gehalten hatte geschah prompt. Mama kam eilig aber vorsichtig angetrabt und als sie zwei Meter vor ihrem Kind stand und „windete“, (jägersprachlich für riechen, Geruch aufnehmen), da erhob sich Hansi, stürmte ihr Gesäuge und trank die Milch mit Behagen und Stößen ins Euter der Mutter.

Ich glaube zwar, dass diese den feinen Geruch der Lakritze wahrnahm, ihr aber im Geruchssinn angenehm vorkam – so lecker riechen die Menschen doch nicht! (Merke auf: Alle Vegetarier und Veganer mögen gern Salziges!)

Hansi II., der Spießer. Ich sah diesen, so wenigstens schätzte ich, im zweiten Jahr wieder, als er seine Spieße zu setzen begann. Er lebte auf dem Nachbarhof, hinkte ein wenig, weil einer seiner Hinterläufe kürzer war und betätigte sich als Aufpasser gegen fremde Besucher. Diesen fuhr er von hinten so ins Gesäß, dass zwei Löcher in der Hose oder im Rock entstanden.
„Nimm dich vor ihm in acht“, riet der Hofbesitzer, „es wundert mich, dass er dich nicht attackiert hat.“
„Wir sind uns schon früher begegnet“, erzählte ich, „und er hat mit wiedererkannt.“
Indessen schnüffelte Hansi, der mich ganz zweifellos erkannte, an meinen Hosen- und Jackentaschen herum.
„Er sucht Salmiakpastillen und Lakritzrollen“, erklärte ich, „und hat doch nur an einem Nachmittag davon genascht.“
Hansi wurde ganz selig, als ich ihm auf der flachen Hand, wie bei Pferden üblich, diese Leckerlis präsentierte, und er hustete begeistert mit einigen Ponys, die ich ebenfalls versorgte, um die Wette.

So kam ich des öfteren her und ging mit ihm in den Wald, in die Büsche, auf Kornfelder, Straßen und Wege, um Aufnahmen zu machen, die sonst nicht möglich gewesen wären. Er wurde ein richtiger Statist. Das Verabschieden artete in Trauerspiele aus. Als ich das erste Mal ins Auto stieg, nicht ohne mich von Hansi zu verabschieden, lief er so lange mit, bis ich zurückfahren musste. Wenn der Bauer ihn beim zweiten Start mit aller Kraft festhielt, stieß er um sich, was bei seinen Spießen – daher Spießer genannt – so dass ich es nicht mit ansehen mochte. Also musste ein Trick her. Wir gingen zusammen ins Haus, ich blieb etwas zurück und verschloss die grüne Dielentür von außen, ein Helfer schob mich und das Auto durchs Tor, ich startete den Motor und fuhr nach Hause.

Als man Hansi freigab – erzählte man mir später am Telefon – huschte, trippelte und hinkte er durchs Anwesen, so dass seine Halter ihm am nächsten Tag Tüten und Kisten voll Lakritzen hinstellten und, ehe er sich überaß, und ihn damit im Lauf der Zeit mich vergessen zu lassen. Vergessen? Denkste…

Hansi III., im Bast. Wir haben noch nicht erklärt, was „Bast“ bedeutet und ist, wenn das Thema „Geweihe und Gehörne“ heißt. Wir wissen aber bereits, dass die Hirschartigen im Winter ihre Kopfzierde abwerfen und bis in den Sommer hinein neu ausbilden. Wie beim Dam-, Elch-, Sika- und Rotwild trägt auch das Rehwild nur die männlichen Tiere eine Knochensubstanz auf dem Kopf. Der Rothirsch trägt von allen das größte und am weitesten verzweigte Geweih.

Der Geweihzyklus wird hormonell gesteuert, die Ausschüttung der Hormone hierzu wird durch das zu- und abnehmende Licht gesteuert. Wenige Tage nach dem Abwurf des Gehörns beim Bock beginnt die Neubildung. In der Phase des Wachstums sind die Horn- oder Geweihknochen mit Bast überzogen, um diese zu schützen und die Blutzirkulation zu gewährleisten. Das Wachstum verläuft in cirka 100 Tagen, je nach Wetter, Die Basthaut trocknet aus und wird an harten Sträuchern und Bäumen abgescheuert. Das Bild links zeigt den vermuteten Hansi auf dem Höhepunkt des Wachstums seines Gehörns und noch im Nachwinterkleid in Grau. Wenn es sich in rehbraun verfärbt, wird er einen schmucken Burschen abgeben, der zu noch besseren Gehörnen in den nächsten zwei Jahren fähig sein kann. Denn sowohl beim Rot- als auch beim Rehwild gilt: Je prächtiger Geweih oder Gehörn, desto mehr Ruhm und Ehre für seinen Erleger. Die Schussauswahl für ein männliches Tier zielt auf eine Verbesserung des Kopfchmucks, der ja eines Tages in der guten Stube des Schützen die Wand zieren soll.

Ist dieser Hansi „mein" Hansi? Es kann sein, denn er benimmt sich mir gegenüber um einen Grad vertrauter als gegen den Revierjäger und lauscht auf meine Stimme und das Rascheln der Verpackungen von Lakritz und das Klirren der Pastillen in der Dose. Doch er flieht rechtzeitig und kehrt auch nicht zu den Liebesgaben zurück, die ich auf einem Baumstamm hinterlasse. Ich bin älter geworden und denke wehmütig an die Jagdlieder zurück, die wir als Halb- und Dreiviertelwüchsige voller Begeisterung gesungen haben:

„Er nahm die Büchse, schlug sie an ei'n Baum -
und sprach das Leben ist ja nur ein Traum."

Der Vollmond-Hirsch

„Dunkel war's, der Mond schien helle...", summte ich just, als ein Knacken und Keuchen im benachbarten Unterholz zu hören war. Ich saß bequem auf dem Jagdstuhl und hörte und äugte auf die Stelle, wo die Hirsche erscheinen mussten, wenn sie den gewohnten Weg zu den Brunftplätzen einhalten wollten. Die Stimmung war eigenartig, so gar nicht für einen tödlichen Schuss geeignet, und so war der

Jagdherr zu Hause geblieben. Das passte mir gut, denn bei der Tierfotografie ist man sich selbst schon zu viel.

Verhaltenes Husten war zu hören, als wenn einige der Tiere Rachenbremsen *(Fliegen)* im Hals stecken hatten. Jetzt sah ich auch im Mondlicht die weißen Geweihspitzen aufblitzen und wusste, dass die Herren Geweihten auf dem richtigen Wechsel von rechts her herankamen. Ein Blitzlicht ließ sich natürlich nicht vermeiden, doch hatte ich die laute 6x6 gegen die erheblich leisere Leica-Sucherkamera ausgewechselt. Jetzt galt es, nur noch das Sucherbild im Auge zu behalten und sich nicht ablenken zu lassen. Da, ein helles Laubblatt, das ich im Mondlicht erkennen konnte, wurde unsichtbar – also stand ein Hirsch vor ihm! Ich erkannte es genau, das Nachtglas mit rechts vors Auge gehalten, den elektrischen Auslöser in der Linken.

Das Blitzlicht flammte auf, der Hirsch zuckte nicht einmal zusammen, sondern blieb sogar stehen – nach drei Sekunden Aufladezeit war der schnelle Blitz wieder bereit und die zweite Aufnahme folgte. In der Tausendstel Sekunde, die er aufleuchtete, grub sich die Struktur von Beleuchtung und Standbild so in mein Gehirn ein, dass ich später im Maleratelier – die Gänseschar voll und klar richtig belichtet, der Hirsch nur als Schattenriss und der goldene Himmel mit dem rötlich schimmernden Mond – das eigentliche Foto, das total unterbelichtet war, rekonstruieren konnte. Der Hirsch stand fünf Bilder lang wie konsterniert da und wurde von Kollegen und „Tieren" mit ihren Kälbern weitergestoßen. Ich verließ meinen „Schirm" = Bodenversteck erst, als „allemann" weit genug fort waren – es ist wichtig, derart zu verfahren, damit das Wild solche

Störungen nicht mit dem Treiben der Menschen in Verbindung bringt.

Der nicht „ganz intakte“ Rothirsch

Da fuhr ein Forstbesitzer in seinen Wald, um mit Hilfe eines Forstarbeiters das geschlagene Holz am Weg aufzustapeln, als er vorm Anlassen des Motors im Rückspiegel sah und es mit seinen Ohren bestätigt bekam, dass ein Rothirsch jetzt, im Anfang August, zu Röhren begann. („Röhren“ bedeutet in der Jägersprache eine sexuelle Lautäußerung, die den „Tieren“, das sind die Hirschdamen, mitteilen soll, „kommt her zu mir alle...“). In der sexuellen Realität ist es umgekehrt – es gibt beim Hirsch mehr Herren- als Damenbesuche. Jedenfalls klappt das System seit Tausenden von Jahren.

„Anton der Freche“, wie dieser Hirsch intern hieß, war so dreist, dass er weder Spaziergänger, Waldarbeiter noch Grünröcke fürchtete und das Revier zu Recht als seines ansah und allen an den Leib ging – mit einem Kopf, der 10, 12, 16 oder 24 Spieße trägt, ist nicht zu spaßen.

„Den müssen Sie, Chef, noch vor der Brunft umlegen“, sagte der Waldarbeiter, „oder ich kündige.“

Schon am nächsten Tag nahm der Forstbesitzer seine Büchse mit und erschoss Anton, wobei er noch das rechte Bein im Mercedes stecken hatte. Wir wenden uns jener Buchseite zu, die wiederum vom vorigen Rehgehörn-Zeichner und Zooinspektor Zukowski stammt und die Entwicklung des Hirschgeweihs darstellt.

Von 1 bis 9 nummeriert heißen diese Hirschköpfe: 1 Hirschkalb, nicht etwa wie beim Reh Kitz, 2 Zweijähriger Hirsch, 3 ungerader Sechser, 4 gerader Achter, 5 Kronenzehner, 6 Eissprossenzehner, 7 Kronenzwölfer, 8 Kapitalhirsch und 9 Alter Achter, zehneinhalb Jahre, „Abschusshirsch“.

Wir erkennen daraus, dass die „Qualität des Geweihs“ mit erhöhten Jahren abnimmt. Mit nichts kann ein Mann mehr reüssieren (angeben) als mit einem Salon, in dem alle Wände mit Geweihen dekoriert sind... Wir müssen noch erwähnen, dass junge Rehe = Kitze und junge Rothirsche = Kälber in der kindlichen Niedlichkeit unübertroffen sind. Ihnen gleich sind hier bei uns noch die Damhirschkälber, wovon wir eines gleich hier im Buch folgen lassen.

Damwildkalb „Hänsken“

Hänsken war in einem Gehege geboren worden und sollte später mit seiner Mutter ausgewildert = in die Freiheit eines Jagdreviers entlassen werden. Damwild, (*Dama dama),* war in Mode gekommen bei den Revierbesitzern, es machte nicht solchen Lärm wie Rothirsche und war ein bis zwei Jahre nach dem Auswildern dem Menschen völlig entwöhnt. Die Mütter kümmerten sich im ersten Jahr sehr um sie, bis sie anfingen, sich im Rudel der Kinder und Mütter einen festen Platz zu erobern.

Bei Hänsken verlief das anders, er war übrigens, wie der Name sagt, ein Junge und würde dereinst wohl ein stattlicher Schaufler werden. Das erste lebende Wesen, das er ein paar Minuten nach der Geburt sah, als seine Mutter ihn trocken geleckt und die Morgensonne ihr dabei geholfen hatte, war der zehnjährige Sohn des Besitzers, der Namensvetter Hans, zu dem es ihn im ersten Sehen hinzog. Bei ihm suchte er das Euter, zu ihm flüchtete er beim Gebell der Hofhunde oder wenn die Natoflugzeuge zu viel Lärm machten. Dann musste Hans seinen Freund packen und unter der Mutter festhalten, sonst hätte er nichts gesäugt.

„Der hat ‚nen Knacks in der Birne“, sagten die bäuerlichen und jagerischen Beobachter, „er sollte so bald wie möglich in die Truhe.“

Das war ein halbes Jahr später. Hans zuckte wie getroffen zusammen, beherrschte sich aber und gebar einen für Hänsken lebensrettenden Plan: Er und ein Schulkamerad, dessen Eltern einen großen parkähnlichen Besitz mit Landhaus besaßen, würden Hänsken fangen, entführen und dorthin verpflanzen. Das gelang über alle Maßen, Hänsken, der sich sehr an Menschen gewöhnte und auch wie andere seinesgleichen meine Salmiakpastillen mit Begeisterung lutschte, blieb hier 4 oder 5 Jahre lang, bis er mächtige Schaufeln als Kopfzierde trug und anfing, seine Pfleger und Pflegerinnen zu belästigen. Weil es in der Umgebung von Belm viel hügelige Felder und Wäldchen gab, fuhr man ihn mit dem Pferdetransporter nach draußen, ließ ihn aussteigen und scheuchte ihn in ein Kornfeld... Dort machte ich im folgenden Sommer die nächste Aufnahme von einer seiner Schaufeln.

Hänsken der Erwachsene und Kapitale. Noch ein Jahr später erreichte mich die Nachricht, Hansi sei nun größer als früher und halte sich in derselben Gegend in einem Roggenschlag auf und sehne sich nach mir. Weil ein Geweih im Bast einen noch wuchtigeren Eindruck macht als ein „gefegtes“, fuhr ich im Juli los, drehte per Auto eine

Runde um das Feld, sah ihn nicht und rief ihn. Einige Spaziergänger warteten wie ich auf das Ergebnis – umsonst!

Doch plötzlich trat er oberhalb von mir aus dem Kornschlag auf den Weg, der grün war und nicht asphaltiert. Aus zwei Gründen begab ich mich jetzt selbst in das Getreide, das noch frischgrün aussah und zu blühen aufgehört hatte: Um ihn von den Zuschauern, die immer nur „oh, ah“ und „Hansi“ riefen, fortzulocken und ihn so zu fotografieren, dass nur sein sympathisches Gesicht und sein protziges Geweih zu sehen waren. Das gelang in der Art uns Weise, wie es auf dem bearbeiteten Bild zu sehen ist.

Ich glaube, dass dieser sonst so scheue Hirsch seine Menschenliebe, welche ich ihm anerzogen habe, nie ganz vergessen hat. So scheute ich mich nicht, seinen Standort einem alten Förster zu verraten, der für sein vom ihm noch immer betreutes Revier einen dekorativen Freund suchte, den er seinen Forsteleven präsentieren konnte. Weil in Hansis Revier eine Autobahn gebaut werden sollte, bot sich diese Entscheidung an: Ein Tierarzt mit einem Narkosegewehr schlich sich unter meiner Führung heran, am letzten Tag vor der Mähdreschung des Roggenschlages, und verpasste ihm die Narkose. Hansi torkelte sofort, schien, wie ich zu erkennen glaubte, mich vorwurfsvoll anzusehen und knickte ein. Drei Stunden später, nachdem er sich erholt hatte, ließ man ihn im neuen Revier frei – und er stürmte davon „und ward nimmer gesehen...“

Ich war ganz zufrieden mit dieser Entwicklung – weil sie mir von Anfang an nicht ganz geheuer war!

Aus dem Auto nicht scharf geschossen

Noch eine Damhirschgeschichte habe ich anzubieten, Sie spielt im Revier der Davert südlich von MS, das nach vielem Hin und Her der Behörden, Forstverwaltungen und Straßenplaner dann doch von einer BAB durchschnitten wurde – mit dem Versprechen, später eine Wildunterführung anzulegen. Die kam auch, und zwar mit dem Umstand, dass zu ihr ein Wendeplatz gehörte, der für Kenner halt auch als Parkplatz genutzt werden durfte. Schon immer, seit ich einen dunkelgrünen Käfer besaß, träumte ich vom „Auto als Ansitz“. Ein Katalythofen heizte ihn, den Käfer, im Winter so auf, dass ich 12 Stunden darin ansitzen konnte.

Eines Morgens, als ich kam und anhielt, sah ich eine Schaufel des kapitalsten Damhirsches hier auf meinem Parkplatz liegen. Sie war noch kopfwarm und musste vor kurzer Zeit hierhin vom Kopf des Besitzers gefallen sein. Ein Omen für den heutigen Erfolg? Kaum. Es fing an zu schneien und bei solchem Wetter ruht das Wild lieber an geschützten Stellen. Ich machte einen Standortwechsel und parkte so, dass ich in die Röhre, welche die Straße unterquerte, direkt hineinschauen konnte. Und das war gut so.

In der Ferne, denn der Durchblick ans andere Ende schien unendlich weit, konnte ich jede Bewegung so frühzeitig sehen, dass ich mich einrichten und das linke Fenster fast lautlos öffnen konnte. Hasen, Kaninchen, Wiesel und Biberratten liefen vertraut durch den unterirdischen Weg, den sogar, wie verlautete, von Schnecken, Käfern und Eidechsen genutzt wurde, desgleichen von Fledermäusen – gut so, denn dann gab es Aussichten, sie einmal hier im Flug abzufangen.

Nach einer Stunde kam „er“: Der Haupthirsch des Reviers. Jedoch von meiner Seite her. Wenn er vorm Eingang nicht anhielt, würde mein Warten vergeblich sein – denn die Sonne war am Untergehen. Ich schnalzte ihn an, da verhoffte er, (blieb lauschend stehen), da erst sah ich, dass er nur eine Schaufel trug – da war er also, dieser Fotokandidat. Der vermutlich noch nie ein Auto von Nahem betrachtet hatte. Diesen Verlust holte er nun nach: Er umrundete es auf gestelzten Läufen, (Beinen), beroch es besonders hinten am Motor, wo noch warme Luft aufstieg, während ich Unglücklicher haderte, keine Kamera mit Normalobjektiv zur Hand zu haben. Jetzt, wo er drei Meter abseits stand und schnaufte, opferte ich meinen letzten Apfel und ließ ihn am Hirsch vorbei weiter rollen – prompt folgte er ihm und nahm mein Geschenk an; so bekam die Telekamera noch einiges zu tun.

Das Fasanenküken und die Ricke

Wer aus meiner Leserschaft ist schon einmal Mutter oder Vater eines Fasanenkükens geworden? Wohl niemand, ich auch nicht, aber ich war immerhin dabei, als Fitten oder Fritz, 15, es wurde. Er wollte mir ein Bodennest zeigen, auf dem eine Henne so fest brütete, dass man sie anfassen konnte, ohne dass sie aufflog.

„Das solltest du mal fotografieren“, riet er.

Ein guter Rat, aber er wurde nicht befolgt. Denn als wir ans Gelege herankamen, flog die graue und unscheinbar gefiederte Henne ab und die Minuten alten Küken versteckten sich piepsend im Bodengesträuch. Nur eines war noch dabei, sich aus dem Ei zu arbeiten. Fritz half ihm dabei, die letzten Eireste loszuwerden – das hätte er nicht tun sollen!

Warum nicht? Antwort: Jetzt wurde er das Küken nicht mehr los!

Er nahm es in beide Hände und es kuschelte sich in diese warme Höhlung hinein wie normalerweise unter Mutters Fittiche. Nach einer Weile piepste es und war vollkommen getrocknet. Das ist die Zeit, in welcher Küken ihrer Mutter folgen. Da wir beide glaubten, es würde nun, weil wir es auf den Boden setzten, nach der Henne und seinen Geschwisterchen suchen, setzte Fritz es auf den Boden und wir machten uns davon, jedoch nur bis zur Sichtgrenze. Es lief einige Schritte, piepste verlassen, aber keine Mutter kam und es begann nach uns zu suchen. Es fand uns und trippelte erschöpft unter Fritz.

Damit war er zur „Führungskraft" des Kükens erklärt. Wir machten eine Probe und entfernten uns langsam – es folgte uns jämmerlich fiepend. Jetzt machte Fritz mit beiden Händen das, was die Henne mit den Füßen macht: auf dem Erboden scharren. Sofort reagierte Pipi, wie Fritz das Küken bereits nannte, mit Picken im aufgescharrten Erdreich.

Jetzt war uns klar, dass wir Pipi hier nicht allein lassen konnten und wir sie „an Kindes statt" annehmen und mit auf Fritzens Hühnerhof nehmen mussten. Dort wollte es der Zufall, dass eine Hühnerhenne im Häuschen auf ihren 6 Küken saß und sie huderte, wie Fachleute sagen. Im Ruckzuck wurde Pipi unter sie geschoben – und wenn sie nicht gestorben ist, lebt sie noch heute; sie war übrigens männlich und wurde der schönste und stolzeste Hahn des Hühnerhofes… Merke auf: „Nicht auf die Eltern kommt's an, sondern auf die Chancen..."

Die Ricke. Plötzlich, nachdem ich mich auf meinen Jagdstuhl gesetzt und getarnt hatte, stand sie vor mir. Jene Rehmutter, der ich für ein paar Stunden ihr Kitz, also ihr Kind gestohlen hatte. Sie war's ganz gewiss: Diese mütterlich-treuen Goldaugen, das eine Ohr mehr spitz zulaufend als das andere, ihr im letzten Tageslicht silbern schimmerndes rotes Fell – da erst kam ich auf die Idee, mit der Normalkamera mit eingebautem Blitz eine Aufnahme zu machen. Sie ließ das zu, ohne abzuspringen und zuckte nicht einmal zusammen, als ich auslöste. Normalerweise – diese Erfahrung habe ich gemacht – löst nicht der Blitz, sondern das Kamerageräusch den Fluchtreflex aus.

Hier dachte ich menschlich, allzu menschlich: Ich hatte ihr damals, als ich ihr Kitz „rettete", eine Handvoll Salmiakpastillen auf einen Knubben gelegt – zum Naschen sozusagen! Konnte es sein, dass sie sich daran erinnerte und mein Geruch nach Lakritz luftfüllend war? Ich muss hier erwähnen, dass ich außer bei den notwendigen Bewegungen zum Kamerabedienen mäuschenstill saß, und dass ein steifer Südwest mir entgegen blies. Ich saß ihr also nicht im Wind.

Man lobt allgemein „die Nasen" unseres Wildes und wir wundern uns, wenn wir bei einer Wanderung oder Pirsch wenig von ihnen sehen, Es hat uns dann längst wahrgenommen und sich dann unhörbar verdrückt. Dennoch haben viele Jäger und habe auch ich erlebt, dass sehr oft wenig Gebrauch von der Fähigkeit der Nasen gemacht wird. Natürlich kommt es auf den Wind an, ob er den menschlichen oder sonstwie gefahrvollen Duft potentieller Feinde zuträgt oder nicht.

Grundsätzlich hat dasjenige Wild, das jagt oder (Raubwild) ist, bessere Wahrnehmungsorgane als das so genannte Friedwild. Ein paar Beispiele aus meiner eigenen Praxis als Naturfotograf: Wenn ein Hirsch einen hinter einem Baum lauernden Jäger nur zur Hälfte sieht, also vielleicht seinen Hut, kann er nicht „kombinieren“, dass zu einem Hut ein Kopf gehört und zu diesem ein Mensch. Fuchs und Wolf jedoch, die geborenen Sichtjäger mit dennoch empfindsamer Nase, rechnen das zusammen und sind gewarnt. Auch können diese beiden Räuber so nachdenken, dass sie einen Jäger vom arbeitendem und das Feld bestellendem Landwirt unterscheiden können.

Wie dem auch sein mag: Als ich im allerletzten Sonnenstrahl, der „meine“ Ricke traf, ein stimmungsvolles Bild ohne Blitzlicht machen wollte, erschrak sie ungeheuerlich und stürmte unter lautem Bellen, wie es sonst nur ein Bock tat, davon.

Ein Hase in Wangerooge

„Irgendjemand klaut die Blumen von unseren Gräbern“, lamentierte man beim Bürgermeister von Wangerooge. Weil dieser einen Verdacht hatte, beauftragte er mich als Besitzer einer guten Kamera mit dem Entdecken des Täters. Ich ging los, öffnete das hölzerne Törchen des Friedhofs und ich und ein Hase zu meinen Füßen huschten hinein. Ein Jäger hatte mir geraten, wie ein ganz gemächlicher Besucher aufzutreten und hier und da mit einem Rechen und Spaten Ordnung zu schaffen.

„Das fällt kaum auf“.

Ganz recht, da sind sich ein hungriger Hase und ein diebischer Mensch wohl gleich. Ich ging leise und doch pfeifend einen Gang entlang und sah am Nebenweg den Hasen wieder. Er zog mit dem Mäulchen eine Rose oder Nelke aus dem Blumentopf und begann sie, unten anfangend, bis zur Blüte ratzeputz aufzuessen. Ich legte die letzten zehn Schritte „normal“ zurück, bis ich, auf einem Grabstein die Kamera auflegend, auf „Schussnähe“ herangekommen war. „Meister Lampe“ - auch ein Wort H. Löns‘, beunruhigte sich nicht und vermampfte eine Nelke. Dann stieß er die Vase um und löschte seinen Durst – was musste der, dachte ich, einen Magen haben!

Der Hase dachte weiter und hoppelte zu drei Gräbern, wo ein ganz frisches lag von heutiger Beisetzung. Dort gab es sattes Grün, das ich als Hasensalat ansprach. Er küttelte hinein und wandte sich dann den Maiglöckchen zu, deren weiße Blüten er wie ein Feinschmecker prüfte und verschmähte. Lieber tat er sich gütlich an einer Pflanze, die ich als jungen Grünkohl ansprach. Da bemerkte er wohl das ganz hellgrüne Blattwerk eines echten Salatkopfes, das, wie ich nachher erfuhr, als des Verstorbenen Leibspeise gepflanzt worden war.
„Kopfsalat“, sagte eine Stimme hinter mir und unterdrückte ihr Schluchzen, „fratt he so gern, nu isse doot!“

Ich hatte genug Beweismittel über den Täter gesammelt und verdrückte mich. Als ich losging, sah ich den Hasen nicht mehr, aber er war mir heimlich gefolgt und fetzte mir durch die Beine, als ich das Tor öffnete und ehe ich es schließen konnte.
Merke auf: „Gott schuf Hasen eher als Menschen – wer hat da mehr Rechte, wenn der Magen vor Hunger rumort!“

Ein Auerhahn und eine Auerhenne wollen sich paaren.

Der Auerhahn - „Herrscher des Waldes. Siehe Text!

„Der Lokus auf dem Hügel“ - siehe Text.

„Ackerrebhühner – siehe Text!

Der Hochsitzfasan – siehe Text!

„Der Tiger von Eschnapur“ - siehe Text!

Der Birkhahn vom Schliersee

Eichelhäher essen einen Bienenstich auf - siehe Text!

„Der Sieger!“ Siehe Text!

An der Nordseeküste

Das Murmeltier – siehe Text!

Der Radieschen-Fasan. Siehe Text!

Oben: Jungfüchse am Bau.

Unten: Kaninchen quert besagte Brücke.

Oben: Ein fast schwarzer Rehbock.

Unten: Zwei „Geweihte“ und der Flugverkehr

Zwei Wölfe lauern. Siehe Text!

Oben und Mitte: Farbskizzen von Rehen

Unten: „Die Umkehrkamera macht aus Tag Nacht.

Der Autor war just im Garten – da huschte das Reh vorbei.

Steinböcke am aperen Hang.

Zweimal der Junghase von Langeoog

Eine Gämse im Schwarzwald. Siehe Text!

Die Infrarot-Kamera fasste beide Hirsche.

Zwei matte Rehe kehren heim.

Zwei Nacht-Schnappschüsse.

In der Davert bei MS:
Oben:Kaum war die Brücke über den Emmerbach gebaut, da wurde sie schon genutzt.

Unten: Begegnung von jungen Damhirschen an der Bahn.

Rehwild und Bundesstraße

Ein netter kleiner Bursche – siehe Text!

Schwarzwild auf und vor den Externsteinen – siehe Text!

Ein starker Keiler im Winter.

Während die Steinböcke kämpften – aß der Autor

Dasselbe Rottier (weiblicher Hirsch) auf dem Hin- und Rückweg.

„Einmieten". Vier Rehe an einer Wintermiete, der Wolf ist nah!

Im Wisentgehege Bayerischer Wald.

Winterszenen. Oben: Ein Jungmarder schaut aus seinem Versteck.
Unten: Rehe ziehen zur Winterfütterung.

Zwei Schneesturmbilder und Rehe

„Tod, wo ist dein Stachel…?“

Er hatte es satt: Sein Leben, das Leben, sein Zuhause, das zu Hause sein, Allein, das Alleinsein, die Zipperlein, das Hier und da Wehtun, nichts mehr wert sein, sowohl beim Essen als auch beim Kütteln und Pipimachen, von niemandem betrauert zu werden - „Tod, wo ist dein Stachel…?“ Nur kein Pflegefall werden! Es dann lieber wie Ernest Hemingway machen. (Der sich in den Mund schoss mit Richtung Gehirn.) Doch er wollte der Wissenschaft noch einen Dienst erweisen: Ein Erlebnisbericht des Sterbenden, der Gift genommen hat. Er war lebenslang Jäger – so sollten sie ihn auf einem Hochsitz suchen und finden – Waidmannstod!

Die Rede ist von Karlchen genannt Opa Charly. Von allen Giftpflanzen, die er kannte, wählte er die auf dem Bild mittig gezeigte Tollkirsche (*Atropa belladonna),* deren Vergiftungsverlauf durch Atropin er kannte. Er pflückte die 20 schwarzen Beeren frisch vom Strauch unter dem Hochsitz, machte im Topf einen Brei, mischte Zucker darunter – „weil sie sonst zum Kotzen schmecken“ – kletterte dann auf den Hochsitz, verschloss die Tür von innen und begann den Brei mit einem Zwieback zu essen. Nach der Mahlzeit führte er „das Tagebuch eines Sterbenden“.

Hier ist der Text: 1.) Schmeckt durchaus lecker. 2.) Nach 5 Minuten rumoren Magen und Darm, so das ich pupen und pinkeln muss. 3.) Belladonna heißt auf deutsch schöne Frau, es soll auf die Augen wirken – werde ich noch ein schöner Mann?“ Die Schrift ist bereits zipperlich. 4.) Ich huste und kann den Kugelschreiber nicht mehr ruhig halten. 5.) Die gefürchteten Wut- und Tollwutanfälle treten noch nicht ein, aber ich hätte statt des Tagebuchs ein Tonbandgerät zum Sprechen mitnehmen sollen. 6.) Wüste Träume durchtosen mein Gehirn, ich glaube, ich kippe nun aus den Latschen und von der Bank…

Das tat er dann auch, denn man fand Karlchen zusammengekrümmt auf dem Holzboden des Hochsitzes, den man nach langer Suche entdeckte und aufbrach. So endete am vierten Tag danach ein Jägerleben von 80 Jahren unter den Blicken von 400 Trauernden auf dem Dorffriedhof.

„Hölle, wo ist dein Sieg?“

„In der Not isst der Mensch Eichhörnchen“

Niemand weiß, wer diese Weisheit von sich gegeben hat. Vielleicht war es ein Gefangener aus dem Gulag Sibiriens. Jedenfalls war das der Familie Katschmarek gleichgültig, denn die flinken und quierligen Kletterer hatten der Familie über eine dürre Zeit verholfen, als alles knapp war und kein Nachbar der Familie mit dem knorrigen Namen helfen wollte.

„Soll‘n se doch nach Polakien zurückkehren!“

Den Rat befolgten sie nicht, sie werden wohl ihre Gründe gehabt haben. Man schrieb das Jahr 1947, der benachbarte Landwirt hatte der Familie einen Schuppen abgetreten, einen alten Bullerofen spendiert, das Wasser rann vom Himmel direkt in große Fässer, und die Notdurft? Nun, man ging bis in die Antike zurück und benutzte Gruben und Bäche.

„Wildern dürft ihr nicht, Jagen tun die Tommies und sie knallen jeden ab, der Waffen trägt“.

„Und welche mit Zwillen auch?“, fragte Janeck.

„Was sind Zwillen?“, fragte der Bauer.

Man klärte ihn nicht auf – es sind Schleudern, selbst gebaute meistens.

Mit ihnen knallte Janeck jeden Tag drei bis fünf der munteren Klettertiere ab, sie standen weder unter Jagd- noch Naturschutz. Als es hier keine mehr gab, wurde es 1948 und die Not linderte sich. Für diejenigen Leser, welche mal Ausgefallenes essen möchten, haben einige Köche Rezepte entwickelt und im Internet bereitgestellt.
1.) Gebratene Eichhörnchen. Das Fell abziehen, die Innereien entfernen, das Reinigen und in Streifen ziehen bereitet die meiste Arbeit. Die in Streifen geschnittenen Körper mit Pfeffer und Salz einreiben, für die Soße eine Tasse Mehl, Knoblauchpulver und Pfeffer und dann in offener Pfanne mit Öl braten.
2.) Geschmorte Eichhörnchen. Wie beim Gulasch in Stücke schneiden, mit Mehl, Thymian, Maiskörnern, gehackter Zwiebel und Tomaten, Salz, Pfeffer und etwas Fruchtsaft schmoren.
3.) Fürs Grillen ganzer aber entkernter Eichhörnchen brauchen wir nichts mitzuteilen, denn Grillen kennt jeder. Es kommt im Großen und Ganzen auf das Zubehör an, ob die Party gelingt oder nicht. Die Zwille kann heute durch ein Kleinkaliber ersetzt werden, doch mit ihr verursacht man einen Knall, der empfindliches Wild alarmiert, und damit ist man bewaffnet und nicht mehr ungefährlich…

Erlebnisse und Zusammenleben

Mein erster Dachs. Hat man die ersten tausend Naturaufnahmen im Kasten und als Jäger gleichviel Pirsch-, Ansitz- und Beobachtungsstunden hinter sich, steht einem nach

Mehr. Wer oder was fehlt noch? Den Dachs hatte ich mehrfach schon im Nachtglas gesehen, und es gefiel mir, dass er auch in finsterer Nacht dank seines weißen Kopfstreifens sichtbar blieb. Er streckte nicht wie sein Kollege Fuchs die Nase zum Winden in die Luft, er stürmte aus der Höhle auf einen abseits gelegenen Abortplatz und löste sich – kackte also. Da machte ich mit der Hasselblad die erste Blitzaufnahme. Sie trieb ihn in den Bau zurück, aber wie frisch gestärkt kam er aus einer anderen Röhre wieder. Sie lag nahe der von mir heute eingefahrenen Bachbrücke, die ich allen Tieren des Reviers angeboten hatte, die gern trockenen Fußes liefen statt durch metertiefes Bachwasser zu waten. Der Dachs beschnüffelte das frische Holz und schien zu überlegen, ob er den dargebotenen Weg annehmen sollte.

Hierzu muss ich sagen, dass die Brücke von einer zweiten Hasselblad mittels eines Trittbretts überwacht wurde, das, wenn es betreten wurde, diese Kamera samt Blitz auslöste. Normalerweise ließ ich diese Vorrichtung bis zum Morgen stehen und sah erst bei der Kontrolle des Zählwerks, ob sie ausgelöst wurde. Jetzt hoffte ich, Zeuge der ersten Aufnahme zu werden. Vorsichtig tappste der Dachs weiter und bemerkte erst jetzt wohl, dass er den Bach nicht würde durchschwimmen müssen. Ein paar Schritte noch und ich konnte ihn wegen eines Strauches nicht mehr sehen. Doch da blitzte es auf, ich vernahm das Geräusch des weitertransportierten Films und hörte den Dachs, wie er polternd ins nahe Moor lief.

Wohl hundert Nächte hat die Kamera hier gestanden, sie brachte mir Aufnahmen von anderen Dachsen, Füchsen,

Hasen, Kaninchen, Wieseln, Igeln und – Kindern! Sowohl die Batterie des Blitzgeräts als auch die der Kameras hielten bei Minustemperaturen von 3 Grad stand, dann versagten sie. Selbstverständlich waren sie gegen Regen und für die Geräuschsenkung mit wasserdichten Tüchern geschützt. Es war ein spannender Augenblick, wenn am Zählwerk nachgeschaut wurde, wie viel Aufnahmen die Kamera gemacht hatte: Einmal war der Film mit 12 Bildern voll geworden„„

Ein kecker Bursche. „Wie nahe sind Sie an Dachse herangekommen?", wurde ich oft gefragt.
„Fragen Sie lieber", antwortete ich, „wie nahe einer an mich herangekommen ist."
Meine Antwort hätte lauten können: „Fuß bei Fuß." Ja, ich war diesmal zur rechten Zeit am rechten Ort! Und hatte auch eine Normalkamera an Bord. Mama Dachs, *(Meles meles),* führte nämlich zum ersten Mal ihre Jungen ans Tageslicht. Oder war's vielleicht umgekehrt: Sie widersetzten sich ihren Befehlen. Jedenfalls kam sie als erste aus dem Erdloch heraus, witterte mich und verschwand sofort wieder. „Verdammt!" Doch keine Minute später: Vier Junge, voll ausgefärbt, nur kleiner, drängten nun ins Freie und begannen ein Fang-mich-doch-Spiel jeder gegen jeden, ohne von Lebensgefahr etwas zu wissen. Denn der Jagdaufseher hatte vor, die „ganze Bagage" auszurotten, ließ mir aber ein paar Tage Vorsprung.

Jetzt fand eine Lebensfreude statt, die mich ganz baff machte und mir eingab, beim Aufseher um lebenslängliche Gnade zu bitten. Ich war für drei der vier Kinder wohl nur ein Baumstamm, das vierte hielt sich abseits und äugte

schon einmal auf meine hellen Gummistiefel, bis seine Neugier siegte und er langsam aber sicher näher kam: so dass ich meine Telekamera einsteckte und die Robot Royal aus der Tasche zog. Dachsi, wie ich ihn nannte, befand sich nun direkt unter mir, und er sollte für seinen Mut belohnt werden. Ohne ein Geräusch zu machen kramte ich aus einer Seitentasche eine Handvoll Salmiakpastillen und ließ sie auf ihn und neben ihm zur Erde fallen. Als er anfing zu schmatzen zückte ich die Kamera und fotografierte das Stillleben „Gummistiefel und Dachs".
Allmählich wurde Dachsi ein Frechdachs. Er versuchte in einen Stiefel zu beißen, was ihm einen sachten Fußtritt einbrachte. Er knurrte gereizt und versuchte nun, beide Füße auf der Suche nach den Lakritzen anzuheben. Ab und zu sah er seinen Geschwistern nach, die ein Wettrennen „in den Bau rein und wieder raus" veranstalteten. Wenn sie sich mit Stoßen und Schubsen balgten, sahen sie tatsächlich wie Fußbälle aus, die durch den Wald rollten. Mama machte dem Spaß ein Ende, indem sie absichtlich zu ihnen lief und sie ihr dann ins Moor folgten, Ernsthaftes wie Mäuse auszugraben, Schnecken zu naschen und Würmer lutschen zu lernen musste Mama, aber nicht Papa, ihnen beibringen. Ich trollte mich zufrieden heim…

Die Mückenplage. Am nächsten Abend setzte ich mich auf den mittelhohen Hochsitz vorm großen Loch, die man Ein- und Ausfahrten nennt. Vorher hatte ich mich gegen die verdammten Stechmücken eingerieben, die heute bei Gewitterschwüle besonders aggressiv waren. Das Mittel duftete stark.

Aber ich wurde sie anders los. Denn der Vater der vier Kinder und Hausherr dieser umfangreichen Burg Malepartus hockte vor mir halb aus der Höhle, mit einem dicken Engerling in der Schnauze und von einem dichten Mückenschwarm umgeben. Diese Tiere leuchteten im Blitzlicht auf, aber so schwach, dass ich sie auf dem Foto „nacharbeiten" musste.

Ich stellte an diesem Abend fest, was ich schon argwöhnte und von anderen Jägern mitgeteilt bekommen hatte: Dass Dachseltern ihren Jungen keine Beute mitbringen wie Fuchseltern es tun, sondern sie draußen in Feld und Wald im Beutefang anlernen. Noch etwas lernte ich: Dass am Bau ungestörte Dachse versuchen, stets beim gleichen Helligkeits- oder Dunkelheitsgrad von April bis Oktober „aus dem Bau zu fahren" - wie man ihr Verhalten nennt. So kommen sie im März und April früher aus dem Bau als im Juni, wo es um 22 Uhr noch nicht ganz dunkel ist.

Von Ende Mai bis in den Juli hinein sind die Nächte so kurz, dass die Dachse sich beeilen müssen, satt zu werden. Als das Getreide auf den Feldern nur gemäht und nicht gedroschen wurde, band man es in Garben zusammen und stellte diese in so genannten Hocken zusammen aufrecht aufs Feld. Da reifte es nach, das Stroh wurde besonders weich und eine solche Hocke wurde auch Unterstand für Tiere, die wie der Dachs das Tageslicht scheuten. Ha – wie schrien die Leute auf, als beim Abräumen ein Dachs aus der Hocke schoss und davonlief!

Bei einem solchen Fall habe ich erlebt, dass eine Dachsfamilie zwischen die acht Beine der beiden Pferde fetzte und deren Besitzer so erschraken, dass sie unter Wiehern samt Wagen durchgingen und erst auf dem heimatlichen Hof zur Ruhe kamen. Seitdem klopfte der Bauer vorm Einfahren jede Hocke nach fremden Besuchern ab. Heute, im Zeitalter großer und lärmender Maschinen, können solche „lustigen“ Begebenheiten nicht mehr vorkommen.

Der Tiger von Eschnapur. In die heimische Tier- und Jagdwelt von Tier- und Jagdgeschichten schieben wir jetzt eine exotische ein. Der Titel erinnert an längst vergangene Kinozeiten aus den Staaten und hier bei uns. Wir lassen einen Teilnehmer berichten:

Meine Frau und ich, wir machen gern Jagdreisen mit, ohne Jäger zu sein. „Besuchen Sie den Tiger von Eschnapur. Er lebt noch und erwartet Sie. Einer seiner Verwandten kann gegen Gebühr geschossen werden. Besichtigen Sie auch das größte Geweih der Jagdwelt.“ Das klang verlockend aus Sri Lanka, dem früheren Ceylon. „Nichts wie hin!“, dachten wir, „selbst wenn es eine Mogelei ist, um Reisende anzulocken.“

Das Klima der Insel ist angenehmer als im benachbarten Indien, und so macht das Stöbern, Wandern und Schauen in den Urwäldern hier mehr Spaß als dort; für unerfahrene Europäer ist ein aufgeräumter Urwald noch immer ein Erlebnis. Der Führer oder Ranger tat geheimnisvoll und erklärte Tiere und Pflanzen in gutem Deutsch und begann beim Erklären plötzlich zu flüstern. In der Ferne brüllte plötzlich ein Tiger, sogar Hirschröhren europäischer Art war zu hören, ein bewaffneter Begleiter hielt sein Gewehr feuerbereit.

„Man will hier“, sagte er, „Menschenfresser gar nicht erst aufkommen lassen. Wenn ein großes Raubtier merkt, wie

leicht ein Mensch zu erbeuten ist, will er keine andere Beute mehr fressen."
Manchen von uns lief der Grusel- und Angstschweiß den Rücken herab.
„Stop, nicht weiter", befahl der Guide, und wies auf eine Szenerie, wie sie echter nicht sein konnte: Dort, vor einem mächtigen Urwaldbaum, ruhte ein prächtiger Tiger und schaute her zu uns, und hinter ihm und dem Baum stand ein Hirsch, dessen Geweihenden und Stangen sich fast um den Baum wanden.
„Fotografieren nicht erlaubt", ergänzte der Guide.
So ließen wir's. Der Tiger versuchte ein Gebrüll, das früher mehr Angst verbreiten mochte als jetzt, wo er eine zahnlose Katze geworden war. Auch das Kratzen des Hirsches am Baumstamm zeugte nicht von verhaltener Kraft – aber, und das war ja wohl das Wichtigste, es wirkte sehr und ließ die Kraft ahnen, die einst hinter diesen Wesen steckte. Wir kehrten um und ich machte, im Zeichnen begabt, im Hotel sofort eine Skizze der Erinnerung – bis heute ist es uns nicht klar, ob wir hinters Licht geführt wurden oder nicht.

Der Kanzelfasan. „Er heißt *Phasianus colchicus,* also kaukasischer Jagdfasan und konnte nichts Besseres tun, als sich vom Menschen nach Europa versetzen zu lassen. Damit ist er jagdbares Flugwild geworden und darf nur im Flug geschossen werden. Viele Schrotkörner gehen dabei nutzlos in die Luft. Man kann auch nicht behaupten, dass er auf dem Teller besser schmeckt als ein Wiener Hendl. Das wollte Richard Wagner der Neuere wissen, als er mit 50 noch Schüler der Diana werden wollte. Selbst geschossen und selbst gegessen – war seine Devise. Auch wenn es

ihm als Single selbst überlassen blieb, die Schrotkugeln eigenhändig aus dem Fleisch zu ziehen.
Er hatte, wenn er früher als Spaziergänger oder Tourist im Freien war, oft genug gesehen, dass sich Fasanenhähne gern in der Nähe von Hochsitzen oder Kanzeln aufhalten und diese bevorzugt überfliegen. Jetzt bat er den Jagdherrn, ihm Ansitze auf einer geschlossenen Kanzel zu erlauben, „weil ich allergisch gegen Sonne und Regen bin". Erlaubt mit dem Hinweis, dass er von dort oben aus keinen Fasan auf dem Acker oder in der Weide schießen dürfe, nur während er fliegt.

Als er anmarschierte bemerkte ihn der örtliche Fasanenhahn und duckte sich hinter einem Stapel Baumstämme, machte sich flach wie eine Flunder. Oben angekommen suchte Richard das Gelände rundum ab und entdeckte zuletzt den Hahn. „Aha, den werden wir bald haben." Eine Stunde wartete er, dann beschloss er abzusteigen und den Fasan so aufzuscheuchen, dass er ihn schießen konnte. Als oben die Tür aufging, erhob sich der Hahn aus der Deckung und lief flink auf ein Gebüsch zu, das einige Sträucher gebildet hatten. Das Gewehr bereit haltend umging Richard dasselbe, aber der Fasan kehrte schnurstracks in sein Versteck beim Hochsitz zurück – zu Fuß. Und als Richard ihn scheuchen wollte, stieg er tatsächlich in die Luft und baumte, ehe dieser schießen konnte, auf dem Dach auf. Wenn ich wieder hochsteige, dachte sich Richard, wird er abfliegen, dann knall ich ihm eins. Daraus wurde nichts, denn der Hahn fand es wohl absolut gemütlich, dort oben zu hocken. Da saßen sie nun wenige Zentimeter auseinander und konnten sich doch nichts antun. Und wenn sie nicht gestorben sind, leben beide noch heute – denn als Richard heimging und sich noch einmal umdrehte, sah er den Hahn abfliegen, aber nicht in seine Richtung. „Das ist ein schlauer Bursche“, sagte er fair, „den sollte man zur Artverbesserung überleben lassen.“

Fasan im Schlafbaum. Der Sohn eines Bauern, Alfred und 19, in dessen Feldern und Wäldern ich meine Fotografiererei ausleben konnte, begleitete mich mit einer starken Taschenlampe und leuchtete in jene Bäume hinein, in die im Augenblick Fasane für die Nacht aufbaumten. Das tun die Hähne mit Gegacker, die Hennen klammheimlich.
„Früher“, erzählte Alfred, „gingen wir dann hin, mit 3 bis 5 Meter langen Bohnenstangen, vorn ein Messer dran, und stachen die Vögel in den Leib, so dass sie tot runterfielen und wir sie am nächsten Tag braten und essen konnten. Man muss wissen, dass es, obwohl wir Hühner, Gänse und Puten hielten, kaum Geflügel zum Mittagessen gab.“
Inzwischen waren wir unter den Schlafbäumen angekommen und ich stellte fest, dass mein Blitzlicht nicht bis oben reichte, Trotzdem versuchte ich Aufnahmen mit 1/25stel Sekunde – und darum sind die Bilder nicht „erste Klasse“, zeigen zu viel „Korn“, wie der Fotofachmann sagt. Einige Hähne meinten wohl, dass so häufiges Anblitzen und ein langer Aufenthalt von Menschen unter ihnen bedenklich sei: Sie flogen „klagend“ ab und landeten sicher in einem Kornfeld, wo sie freilich an einen Fuchs geraten konnten. Wir wunderten uns, dass diese Vögel nie fest schlafen und im Dunklen genug sehen, um sicher fliegen zu können.

Rebhühner allgemein. Um unser Rebhuhn, ein reines Feldhuhn, steht es schlecht. Denn auf den Feldern richtet unsere Landwirtschaft noch mehr Unheil an als auf Äckern und in Wäldern. Das veröffentlichte Bild zeigt zwar ein Rebhuhn mit seinem Fressfeind, aber das Wiesel ist es nicht, das den Bestand gefährdet, denn es ist immer schon dagewesen. Auch Greifvögel sind nicht so viel zahlreicher geworden, dass sie den Bestand bedrohen. Es sind die Wiesen und Äcker, die sich gewandelt haben. Nicht von selbst natürlich, denn dann böten sie immer noch Nahrung und Deckung genug.

Die Landbevölkerung ist es, die sich gewandelt hat, sie und ihre Maschinen: Als noch mit der Sense gemäht wurde, tötete diese keinen brütenden Vogel, er konnte rechtzeitig auffliegen oder zu Fuß sein Nest verlassen. Wenn der Bauer es dann fand, konnte er entscheiden: War das Gelege frisch gelegt, nahm er die Eier mit und seine Familie aß sie abends als Rührei auf, waren die Küken frisch geschlüpft, noch keine Stunde alt, nahm er sie an sich und legte sie zu Hause einer brütenden Henne unter, die sie als eigene Kinder aufziehen musste. Schließlich „schwarz" geköpft oder erdrosselt, (was Wilderei bedeutete), wurden sie sonntags nach dem Kirchgang als „Leibspeise" des Bauern auf den alten Tellern, von denen schon die Gründer des Hofes gegessen hatten, mit Salzkartoffeln, brauner Soße und Rotkohl serviert. Auch dem Hofhund reichte man den Sonntagsbraten.

Als nächster landwirtschaftlicher Fortschritt kam die von zwei Pferden gezogene Mähmaschine, welche das Messer seitlich und nicht wie heute vorne besaß. Sie war und ist bedrohlicher für alle Bodenbrüter. Das Messer glitt rechts des Fahrers und seines Sitzes dicht über den Boden, fasste etwa einen Meter Breite und so konnte der brütende Vogel, der sich vor zwei Pferden nicht fürchtete, glauben, sich „drücken“ zu dürfen – das heißt, nicht abfliegen zu müssen.

Der Autor war Zeuge, was nun geschehen konnte: Das Männchen hatte just das brütende Weibchen zur Ablösung beim Brüten besucht, als das Messer nahte und beiden die Beine abschnitt. Ob man‘s nun glaubt oder nicht: Die Hühner konnten nicht mehr fliegen, wurden vom Helfer eingefangen und … nun, abends wie gehabt aufgegessen!

Auf einem Foto zeigen wir, wie die Äcker heute aussehen. Großflächig Sand und nackter Boden, wo es kaum Insekten und anderes Fressbares zu finden gibt. Auch kaum noch hohes Gras oder Getreide, das Deckung vor Habichten, Sperbern und Falken gibt. Doch die Vögel sind gut gedeckt und der Umgebung angepasst, so dass die Leica es schwer hatte, sie scharfzustellen. Als ich meinen E-Scooter anhielt, um zu fotografieren, drückten sich alle flach auf die Erde und erhoben sich erst, als ich als harmlos erkannt wurde.

Der Locus auf dem Hügel. So begann der Volksmund jenes Häuschen zu nennen, das sich Jagdherr Timo Meyer II auf dem einzigen Hügel seines Reviers eingerichtet hatte, Es sah durchaus einem Toilettenhäuschen ähnlich, weil es ein rotes Herz in der Tür besaß und einen Sitzplatz im Inneren. Eine steinerne Treppe, die laut Aussagen der Bevölkerung aus ferner Germanenzeit stammte, zweigte vom Hauptwanderweg ab und führte schnurstracks nach oben.

„Aufstieg zur Sitzhütte verboten!“
Sagte ein grünes Schild ausdrücklich. Das konnten natürlich „Fuchs und Has‘ und Haselhuhn...“, eine bekannte Melodie dies, nicht wissen,

Timo war ein Mann, der Art- und Zeitgenossen skeptisch gegenüberstand, aber ein großer Tierfreund war, und das merkten die jagdbaren Tiere sofort, denn der Hügel wurde zu ihrem Versammlungsort. Es fanden richtige Verbrüderungen statt zwischen Hund und Fasan, Fasan und Hund, Rottier (weiblicher Hirsch) und Timo und Mozart, statt, wie der dörfliche Zuchtbulle hieß.

Das mehr oder weniger friedliche Zusammenleben hier endete in einem der kältesten Monate im Winter seit langem. Es ist doch so und war immer so, rekapitulierten die umliegenden Bewohner, dass jede Idylle auf diesem Planeten nur eine Weile dauert, bis sie untergeht. Der letzte Krieg rollte über sie hinweg, und als er zu Ende war, lebten von Timo Meyer II, dem Hirschtier, dem Bullen, dem Hund Cäsar und dem Fasan Colchi niemand mehr, die alten Bewohner der Gegend „hauten ab nach Westen“, neue kamen aus dem Osten und fanden Timo Meyer mumifiziert auf dem Lokus, das Gewehr noch in der Hand. Sogar die einmarschierenden Panzer hatten einen Bogen um den Hügel gemacht...

Der katholische Ortspfarrer der neuen Bewohner versuchte aus dem Hügel eine Art von Heiliger Stätte zu Machen. *Locus theologicus* ist ein Ort theologischer Erkenntnis und der Begriff entstammt ursprünglich der antiken Rhetorik und wurde bei Cicero als Fundstätte der Beweise beschrieben, (Mehr Heiligkeit“, meinte der Pfarrer, „lässt sich hier nicht herausholen“, und schloss die Akte...

Es ist noch zu berichten, wie man im Mittelalter einen Trupp Rebhühner fing. Mit einem riesigen Netz von mindesten 50 Meter Breite gingen zwei Höflinge beidseitig des Trupps los und versuchten das Netz über sie zu ziehen. Sie argwöhnten wenig, Waren sie erst einmal unterm Netz, waren sie auch alle verratzt. Das Netz wurde mit Stöcken im Acker oder auf dem Kornfeld festgemacht, man ging nun zu den geprellten Vögeln und sammelte die flatternden ein, drehte ihnen den Hals ab, sie wurden in der Küche bereits erwartet. Bei den ganz hohen Herrschaften gab‘s einige Herren, die ein Dutzend von ihnen verputzen konnten – dennoch waren ihre Bestände nicht so gefährdet wie heutzutage. Wollte einer der Herren zu seiner Dame besonders freundlich sein, so lud er sie zum Rebhuhnessen ein – was danach ein sehr freundliches Entgegenkommen ihrerseits verlangte.

Der Auerhahn – Ritter des Waldes. „Wir betreten jetzt“, sagte Vater seinen beiden Söhnen, 11 und 13, „das Revier des Ritters des Waldes namens *Tetrao urogallus,* auf deutsch Auerhahn genannt. Er und sein Weibchen, die Henne, sind sehr scheu und nicht einmal alle Jäger bekommen sie zu sehen.“

Dann beschrieb Vater den Hahn als einen Puter, in der Balzzeit, wo sie Hochzeit feiern, sehr auffällig gezeichnet, und die Henne in einem dem Waldboden angepassten Kleid. Dann horchte Vater plötzlich auf und hörte von einer gro-

ßen Fichte her dem Knacken, Zischen und Fauchen des Hahnes zu.
„Gehen wir weiter“, schlug er vor, „damit wir ihn mit dem Fernglas beobachten können.“
„Und wenn er uns angreift, Papa?“
„Red nicht so‘n Kappes. Außerdem habe ich den Spazierstock eures Großvater bei mir.“

Sie erreichten eine Sperre, welche Touristenautos daran hindern sollte, tiefer in den Forst zu fahren. Plötzlich ein Rauschen und Poltern in der Luft: Ein Auerhahn landete auf dem quer liegenden Baum und präsentierte sich und seine Balzkünste. Er war nur zehn Meter neben ihnen entfernt.
„Und der soll scheu sein?“
„Nun“, sagte Vater, „in der Balzzeit ist er manchmal sogar aggressiv gegen Menschen.“
Jetzt hatte er das Stichwort Balzzeit gegeben und musste es erklären.
„Aha“, kommentierte der 13-jährige Junge, „so etwas kommt bei uns auch vor.“
Und er wollte vorgehen. Doch er wurde aufgehalten: Denn der Hahn landete vor seinen Füßen und begann an seinen Hosen zu zupfen. Als Vater zur Hilfe kam landete der Hahn auf seiner Mütze und begann sie zu zausen.
„Er will dich heiraten“, riefen die Kinder, während die Mutter hineilte und mit dem Regenschirm auf den Hahn einzuschlagen versuchte. Doch der energische Vater war schneller, schwang den Gehstock und traf den Hahn mitten auf den Kopf – der fiel zu Boden und rührte sich nicht mehr.

„Hallo!“, rief ein zufällig daherkommender Förster, „Sie dürfen ein Jagdtier nicht töten – das gibt eine Anzeige!“
In der Verhandlung sah der Richter es anders: „Ein Vater ist in zweiter Linie dazu da, seine Familie vor gefährlichen Tieren zu schützen – und damit basta!“

Noch ein verrückter Hahn. So nennt man Auerhähne, die während der Balzzeit „durchdrehen“. Ich schilderte den Fall meinem Freund Erwin Wagner aus Schramberg und er verkündete mir, vor Freude außer sich, „ich habe auch so einen in meinem Revier – komm her und fotografiere ihn.“ Für Naturfotografen sind solche Hähne ein gefundenes Fressen, glückt es doch außer solcher Zeiten selten, Auerwild vor die Kamera zu bekommen. In der Nacht zu Pfingstsonntag fuhr ich los Richtung Schramberg, eine Stadt, die sich noch „Freie Reichsstadt nennen darf. Noch vor Hellwerden war ich im Revier und versuchte ein Nickerchen zu machen. Nach einer Weile klopfte man energisch an den vorderen Kotflügel, so dass ich erwachte und glaubte, Revierförster Erwin besuche mich. Doch rundum war kein Mensch zu sehen. So steig ich aus und hatte auf den Schuhen sogleich einen stattlichen Auerhahn, der mit allen Zeichen seiner Würde mich umbalzte. Ich schaute mich um und entdeckte seine Freundin, die sich jedoch schamhaft zurückzog. Inzwischen war die Sonne aufgegangen und beschien mir ihren Strahlen ein Stück Heideland.

Also richtete ich es so ein, dass ich beide Vögel dorthin lockte. Es gelang mir, sie im ersten Morgenlicht zu fotografieren, die Henne blieb jedoch abseits, während der Hahn und ich gemütlich beisammen saßen und mein Butterbrot und eine Mettwurst aßen. Nur trinken mochte der Hahn nicht. Ich bedauerte es stets sehr, immer allein zu sein, um Beweise mit den Tieren zu sammeln, denn zu Hause glaubte niemand meine Abenteuer, dass wie abwechselnd vom Stuten und der Wurst abbissen und ich seinen Rücken kraulte. Wenn ich mich bückte, hüpfte er auf meinen Rücken und tat, als müsse er mich treten. Als ich die Kamera auf einem Stativ so aufbaute, dass ich sie mit einem Kabel auslösen konnte, während er mir im Nacken saß, tat er dieses nicht.

Die Henne hatte sich derweil davongemacht, weil ein paar Spaziergänger auftauchten, und auch der Hahn verdrückte sich in einem Gesträuch. Es schien mir klar zu werden, dass er mich mit Erwin verwechselte, weil wir die gleiche Autofarbe benutzten. Als gegen Mittag eine Wanderklasse den Wald füllte und Rabatz machte, war für mich nach dem Füllen von 10 Rollfilmen die Zeit gekommen, nach Hause zu fahren, ehe der sonntägliche Rückreiseverkehr auf der Autobahn einsetzte – wieder war es mir gelungen, mit Tieren zusammen zu sein und viele Fotos von ihnen zu machen.

Doppelgänger? Früher, als Jagd noch Nahrungserwerb war, pirschten die Jagdberechtigten nicht lange durch den Wald, sondern setzten sich dort an, wo das Wild mit Sicherheit zu erwarten war – zum Beispiel an den Wegen, Wechseln genannt, die es gehen musste, wollte es seinen Lebensrythmus beibehalten. Der Weg endete oft an den vielen kleinen Bächen, welche das Land durchschnitten und kaum für Menschen überbrückt waren. Wenn sie nicht zu überspringen waren, musste das Wild einen oder auch zwei Meter abwärts klettern, dann den Bach überspringen oder durchwaten und an der anderen Seite wieder das Ufer hochsteigen.

Solche Stellen gibt es auch heute noch und sind bei Naturfotografen hochbegehrt – Zwangswechsel werden sie auch genannt. Einen solchen fand ich im Schwarzwald. Der Bach sprudelte hier unter Bäumen, so dass Blitzlicht eingesetzt werden musste. Ich selbst saß auf meinem Stuhl hinter einer Art von Hecke und konnte nicht gesehen, aber „gerochen" werden. Geräusche, die das Wild machte, wurden vom rauschenden Wasser übertönt. Die Luft war klar und kalt, denn, wie auf den Bildern zu sehen ist, befanden wir uns im Winter.

Ich schaute einer Wasseramsel (*Cinclus cinclus)* zu, die im strömenden eiskalten Wasser lief, tauchte und dann mit einem Bachflohkrebs oder einer anderen Beute wieder nach oben kam. Sie setzte sich einmal versehentlich auf meine Kamera. Das konnte aber meine Aufmerksamkeit nicht stören, denn bachabwärts hörte ich jetzt deutlich ein tierisches Husten und das Kollern von Steinen. Im Nu befand sich eine Hirschdame im Bildfeld der Kamera und ich konnte just noch auslösen, ehe sie durch war. Was oberhalb passierte, ein Streit etwa oder die Begegnung mit einem Hirsch, jedenfalls kam „meine Hirschin" aufgeregt zurück und wurde in wenigen Sekunden ein zweites Mal das Opfer meiner Hasselblad.

Damit erschöpfte sich mein Interesse an weiteren Sitzungen, denn aus dem leichten Nieselregen wurde ein Schneetreiben, das auch den stärksten Hirsch in einen dichten Wald getrieben hätte. Ich selbst musste draußen achtgeben, mich nicht zu verlaufen und das abgestellte Auto am Waldrand wiederzufinden. Der Motor sprang an und ich fand mühevoll genug durch zehn Zentimeter Neuschnee und bergab mich zum Wirtshaus zurück.

Ein Gast aus dem Osten….oder noch weiter weg! (*Nucifraga caryocatactes),* so einen komplizierten Namen, der Nussknacker bedeutet, trägt der Tannenhäher. Ich hatte ihn als Bewohner Nordwestdeutschlands noch nie gesehen, obwohl es bei uns große Gebiete von Nadelhölzern gibt. Die braucht er als Nahrungsquelle. Wie fast alle Rabenvögel hat er große Lust am Verstecken: Schon an den Winter denkend legt er im Frühherbst Bodenverstecke an, die er manchmal mit Hunderten von Nüssen befüllt und natürlich nicht alle wieder findet.

Darum wundere ich mich, ihn hier an der Vogelfütterung meines Wirtes zu finden. Im Lauf des Vormittags versorgte ich mich mit Erd-, Wal- und Haselnüssen, Tannenzapfen auch und harte von Kiefern von Zedern, welche der Vater des Wirtes einst hier pflanzte. Es war bitterkalt, unter 10 Grad minus, aber die Sonne zauberte die schönsten Landschafen in die Welt. Ich fürchtete um die Batterien der motorischen Hasselblad 500 EL und trug sie in Warte- und Lauerzeiten unter der Jacke.

Doch der Tannenhäher hielt mich warm. Nicht, dass er scheu gewesen wäre! Er brachte mich im hohen Schnee ans Schwitzen, bis ich neben einer Gartenbank einen halbhohen Fichtenstamm entdeckte und dem Vogel auf dem hohen Schnee mein Futter präsentieren konnte. Das gefiel ihm sehr und wir trafen eine Vereinbarung: pro Happen ein Foto! Er verzehrte nur die Erdnüsse an Ort und Stelle, einige sogar neben mir auf der Bank, wo er die Nuss in eine Rille zwischen den Brettern klemmte.

Die übrige Beute trug er in den nahen Wald – was er da mit ihr machte, konnte ich nur vermuten: Sie verstecken für noch größere Notzeiten als jetzt. Weil er die meisten Nüsse und Zapfen in den Boden grub, werden wohl andere Tiere ihre Nutznießer sein. Nur, fragte ich mich, wer wird die vielen Nüsse essen, die er in den Spechthöhlen und den Rissen geborstener Bäume versteckte?

„Einmieten und Vorrat sammeln. Als ich diese Gegend verließ, um heimzufahren und die Kamera schon verpackt hatte, folgte er mir und dem Wirt bis zum Auto, wo ich ihm einen Teil meiner Brotzeit, von der Wirtin als Wegzehrung gespendet, auf der flachen Hand darreichte. Er gluckste und verdrehte die Augen, tanzte auf meiner Hand und zog die Wurst zwischen den Brotscheiben fort. Sie flatterte im Flug und da war's Zeit, abzuhauen.

Auf der Heimfahrt von diesem Vogelabenteuer sah ich von der Bundesstraße aus, nur 50 Meter entfernt, eine Miete. Diesen Begriff bringen wir heutzutage hauptsächlich mit einer Wohnung zusammen. Doch Landwirte „mieteten früher ein" - als Vorsorge gegen den Winter: Kartoffeln, Zucker-, Stoppel- und Runkelrüben und auch Eis vom Bach oder einer so genanten Kuhle. Es wurde eine flache, nicht zu tiefe Schicht Erde ausgehoben, mit Stroh wärmend ausgepolstert, die ausgehobene Erde beiseite gelegt und dann das Einzumietende, also vorm Winter zu Schützende eingebracht – etwa einen Meter hoch. Dieses wurde dann mit Stroh oder auch Laubwerk und Heu 50 Zentimeter hoch bedeckt und das Ganze wurde mit einer Schicht Erde geschlossen, Diese „Vorratswirtschaft“ blieb meistens frostfrei, und so konnten Vorräte für Mensch und Tier vor dem Erfrieren gerettet werden.

Der Landbesitzer erzählte mir, als ich hinfuhr und das Rehwild fotografierte, er sei Bauer und Jäger zugleich und könne es nicht mit ansehen, wenn das Wild Not leide.

„Ich decke jeden Abend das Ganze wieder zu, damit‘s nicht erfriert und das Wild etwas zu tun hat. Schauen Sie sich die Spuren hier im Schnee an: Sie kommen von weit her.“

Er verabschiedete sich und riet mir, mich in der Nähe des Holzschuppens aufzustellen und abzuwarten, wann die Rehe wiederkommen.

Das taten sie, als wir uns verdrückten. Auf dem gezeigten Foto sind 5 Tiere zu sehen, einige nur teil- und stückweise. Sie beruhigten sich bald, als ich keine Bewegungen und Geräusche mehr machte, und die Böcke schauten manchmal herüber. Als ich einmal in die Runde sah, stellte ich fest, dass viele Tiere, so auch Hasen und junge Wildschweine, in Lauerstellung warteten – so kürzte ich meine Rückreiseunterbrechung ab und machte mich auf und davon.

Ich beschloss unterwegs, „meine Landwirte zu Hause“ anzuhalten, in strengen Wintern solche „Mieten“ extra fürs Wild einzurichten. Einer von ihnen erzählte mir, dass früher auch Eis eingemietet wurde, um bis in den Sommer hinein ein Kühlungsmittel zu besitzen - „Es hielt sich, gut eingemietet, bis in den August...“

Elster *M*axi. Drei Monate lang hatten wir zu Hause einen Vogel! Wir tauften ihn „Maxi“. Er war Überlebender einer

Baumfällaktion, welche die Insel Wangerooge ohne Prüfung der kranken Bäume innerhalb der Ortschaft veranstaltete. Ich kam rechtzeitig dazu, zwei der 5 Geschwister zu retten, die just befiedert waren, aber noch nicht fliegen konnten. Ich war auf dem Heimweg aufs Festland. Ich besorgte einen Korb, etwas zum Trinken und eilte zur Fähre.

Dort fanden Maxi & Moritz viele Freunde, aber helfen wollte niemand. Ich wusste, dass sie beide einen Mordshunger hatten, denn immer, wenn sich jemand über sie beugte, fuhren ihre Köpfe hoch und ihre gelben Rachen öffneten sich. In Harle angekommen fuhr ich schnell an einen Straßenrand, von der aus ich eine Wiese betreten konnte und fing ein paar Heuhüpfer. Diese verfütterte ich mit einer Pinzette an sie.

Ich könnte, wenn ich hier ausführlich schreiben dürfte, ein Buch über M & M verfassen. Moritz starb am nächsten Tag wohl an inneren Verletzungen. Maxi gedieh wie ein Vielfraß, der er ja auch war. Eine Woche später konnte er flattern, noch eine Woche dazu, und er betrachtete unsere Wohnung als sein Revier. Wenn wir uns abends mit ihm beschäftigten, musste das Fernsehen schweigen.

Nachdem wir alle Betten, Sofas und Stühle gegen sein Bekütteln abgedeckt hatten, er wirklich einen erwachsenen Eindruck machte, ging‘s ans Abschiednehmen.

„Ab mit Maxi in die Davert, da findet er seinesgleichen.“

Als wir ihn dort freiließen, äugte er nur himmelwärts und flüchtete beim Anblick eines kreisenden Greifvogels unters Auto. Gingen wir zu Fuß des Weges, blieb er zu Fuß zwischen uns. So mussten wir ihn schweren Herzens überlisten. Auf einem Baumstamm richteten wir unser Picknick ein, gaben ihm eine Tasse Tee zutrinken und wechselten selbst zum Auto hin und her, setzten uns und kamen zurück. Da blieb meine Frau drinnen, schloss die Tür, ließ den Motor an und ich schüttete vor Maxi eine Tüte Popkorn aus – er gluckste vor Freude und schien nicht zu merken, dass er betrogen worden war. Um allem Wiedersehen vorzubeugen, ließen wir uns dort eine Weile nicht sehen.

Mucki, der bunte Vogel. Dem lieben Maxi den noch lieberen Mucki folgen lassen, ist ein Gebot der Stunde und des Anstands. Eichelhäher (*Garrulus glandarius)* sind ebenfalls Rabenvögel und wie alle zu Streichen aufgelegt. Meine Frau und ich, wir sind froh, diesen Rabauken nicht auch aufgezogen zu haben, Er hätte unsere letzten Nerven perdu gemacht. So vermachten wir ihn einer Familie, deren alle Mit-glieder für ihn stimmte – so kennen wir die hier aufgeführten Streiche nur vom Hörensagen,

Wie kam Mucki zum Menschen? Ganz einfach: Er fiel aus dem Nest, zwei Tage, bevor er es sowieso verlassen musste. Mitten in eine Familie hinein, die unterm Nistbaum Picknick machte, und in den Topf mit Erbsensuppe. Dort hätte er ertrinken können. Doch Lassie, der Hund, zog ihn geistesgegenwärtig heraus und leckte ihn ab und sauber. Das wurde Muckis erste Berührung mit der menschlichen Zivilisation.

Ihn nach dem Essen in den benachbarten Wald zu entlassen, gelang nicht – er kam fliegend zurück und krächzte erbärmlich. Wer dieses Krächzen einige Zeit hören musste, nimmt entweder je eine doppelte Packung Oropax zu sich oder beseitigt die Störung. So kam Mucki oder viel Federlesens auf einen Hühnerhof und damit fast in die Suppe, wenn sich die Kinder nicht für ihn eingesetzt hätten. Am meisten zog das Kinderenga-gement, „dass Mucki ein jagdbares Tier sei und nicht getötet werden dürfe“.

Weil er überall, wo er auftauchte, Terror verursachte und vom Puter, dem Hühnerchef angegackert wurde und dann ein höllisches Theater veranstaltete, beschloss man, ihn in der Balzzeit der Eichelhäher loszuwerden. Vorher erfuhr ich von ihm und beschloss, ihn Fotostatist werden zu lassen. Er machte alles mit, krähte auf Befehl und setzte sich mit Vorliebe auf meine Kamera, wenn ich ihn ins Visier zu nehmen gedachte, Wie man auf dem Foto sieht, machte er einen sehr dekorativen Eindruck.

Als ich mein Mitbringsel verzehrte, aß er mit und trank sogar manierlich aus dem Glas. Als er satt war, hüpfte und flog er in mein Auto und setzte sich auf die Kopfstütze des Nebensitzes. Ein einvernehmbares Kopfnicken des Bauern, ich schlüpfte hinterher und verschloss das Auto. Damit war sein liderliches Leben beendet, denn ich entließ ihn nach einem Halt in einem Buchenbestand, wo er in einen Baum flog und im Sinn des Wortes das Nachsehen hatte.

Die Hasen von Langeoog. „Sie sind“, wurde mir prophezeit, „wohl die unterhaltsamsten Ostfrieslands. Sie werden Spaß mit ihnen haben.“

Es ist nicht geschafft worden, sie vom Flugplatz zu vertreiben, obwohl sie dort zum Abschuss freigegeben wurden. Kein Jäger beschoss sie. Sie ästen auch dann noch im grünen Gras, als die Flügel der Maschinen über ihnen dahinglitten und vom Piloten Gas gegeben wurde – sie wussten besser Bescheid, dass ihnen hier nichts passieren würde und den Flugzeugen auch nichts. „Ja, wenn wir Möwen wären!“

So wählte ich die Ranzzeit der Hasen, um Aufnahmen von ihnen zu machen. Herr Falke lud mich auf seinen Hof ein und berichtete mir, gestern ein herrliches Schauspiel gesehen zu haben: „Eine Häsin hat es geschafft, alle Rammler (Hasenmänner) hinter sich her zu versammeln. Sie lief die Fußwege zwischen den Dünen, so genannte Hasenpättkes, voran und wurde – man höre und staune hier besonders – von 23, in Worten dreiundzwanzig – Rammlern verfolgt."

Ich sah es am nächsten Tag selbst. Der leider neblichtrüb war und kein Fotografieren erlaubte. Ich setzte mich auf eine Bank, von der aus ich gute Blicke und die beliebteste Rennstrecke der Hasen hatte und nicht lange allein blieb. Junghasen vom Vorjahr besuchten mich und gingen unter meiner Bank in Deckung, wenn die große Tageule Sumpfohreule und die Falken vorbeistrichen. Doch dann: Ich glaubte das Trippeln von vielen Füßen zu hören, doch das war nur ein Wunschtraum meiner Ohren, denn als die Anführerin der Kolonne, die erwähnte Häsin erschien, war es mucksmäuschenstill. Die folgenden 20 Rammler benahmen sich vorbildlich, kein Knurren und Murren wie üblich unter sexuellen Rivalen, keine Überholversuche, keine Drängelei von hinten. Es regnete nun leicht, so dass ich regungslos auf der Bank saß und nicht fotografierte, nur zählte. Ja, genau 23 Rammler, wie vorher gesagt wurde. Ältere Jahrgänge dabei, aber auch jugendliche, sexuell unerfahrene Burschen. Wer von ihnen würde zum Zuge kommen…?

Ich selbst noch: Denn ich hatte die Idee, als es zu regnen aufhörte, darüber nachzudenken, ob sie denselben Weg zurücknehmen würden. Das taten sie in der Dunkelheit, der Mond schien helle, als ich, meine Kamera auf dem Stativ vor mir und mit dem Blitz zugeschaltet, einzeln zurück kommende Hasen zu fotografieren. So etwas konnten sich nur Inselhasen leisten!

Fuchs, du hast doch noch keine Gans gestohlen…?
Gänsezüchter Heinzpeter kriegte seinen Mund nicht mehr geschlossen, als er Fuchs und Gans auf einen Blick sah, ohne den Kopf bewegen zu müssen. Dies geschah im Bauernmuseum Detmold. Das viele bäuerliche Gebäude museal in Schuss hält und auch Tiere, die früher jeder Landwirt auf seinem Hof hielt. Den Schuss auf sie, den die Füchsin oder Fuchsfähe (*Canis vulpes)* einst erleben musste, als sie hier eine Gans klauen wollte, hatte sie noch gut in den Ohren – auch wenn sie heuer ein Junges, Welpe genannt, ernähren musste.

Die drei holsteinischen Gänse, welche fünf Sprünge weit von ihr entfernt standen und durchaus nicht ängstlich dreinblickten, sahen für sie und ihr Junges in ihrer Weißheit appetitlicher aus als für uns Menschen eine braun gebratene auf dem Weihnachtstisch. Was man auf dem Foto nicht sieht: Die Füchsin ist angekettet. Sie wartet darauf, vom Chef „an die Leine genommen" und im Park spazieren geführt zu werden. Das ist etwas ganz Neues und Heinzpeter macht natürlich mit. Der Jungfuchs trab hinter seiner Mutter her und dabei viel Spaß zu haben. Das Geflügel wie Kraniche, Störche, Truthähne, Pfauen, Stockenten, Krähen, Dohlen, Brieftauben und Perlhühner regte sich gewaltig auf; so dass zwei Männer untereinander sprachen „dieser Blödsinn muss ein Ende haben" – was niemand mithörte. Sie ließen sich am Feierbend hier einschließen und setzten die beiden Füchse in Freiheit. Diese waren so schlau, kein Gemetzel unter ihren Beutetieren anzurichten und klammheimlich durch ein von den beiden Männern geschaffenes Loch zu entkommen und den nächsten Bau im Wald aufzusuchen.

Der Chef fuhr am nächsten Tag zu einer Konferenz und dann anschließend in Urlaub. Er hinterließ weder Anschrift noch Telefonnummer. Und nun geschah am Bau, es war bereits Mitte Juni, als auf dem erwähnten Fuchsbau vier halb ausgewachsene Jungfüchse ohne Mutter erschienen. Sie schlossen sich der anderen Mutter und deren Kind an und folgten ihnen ins Museum. Dort wüteten sie unterm Federvieh, das nicht alles eingesperrt war, so gut sie konnten, so dass es fürs Personal am Morgen viel Federn einzusammeln gab. Einer kam auf die Idee, den Zaun zum Wald hin zu kontrollieren, und so war‘s für die Fuchsrasselbande unmöglich, den Raubzug zu wiederholen – erst im Folgejahr gab‘s neue Gänse – diesmal aber Graugänse.

Meister Reinecke. Wir haben, das sei hier zugegeben, unseren Fuchs bis hierher etwas „stiefmütterlich“ behandelt. Dabei ist er eines der markantesten bejagten Wildtiere. Tausende erzählte und nicht bekannt gewordene Geschichten ranken sich um ihn. Da muss ich eine beisteuern.
Gestern saß ich auf dem Hochsitz vor seinem Bau, von dem aus man direkt von oben in eine „Röhre“ blicken und einen ausfahrenden Fuchs sehen kann, ehe er ans Tageslicht kommt. Nach der Ausfahrt stellte er sich auf einen im Winter gesägten Baumstamm und beobachtete seine Um-

gebung auf Sicherheit und etwaiger Beute. Am nächsten Abend war ich eine Stunde vor seiner erhofften Ausfahrt zur Stelle, baute die Kamera an einem Pfosten des Hochsitzes samt Blitzlicht auf, schloss das Kabel an und begab mich auf den Hochsitz.

Es dauerte nicht lange und war schon stockfinster geworden, als ich ein Knurren hörte, das darauf schließen ließ, dass die Jungen nach draußen drängten. (Ich wusste, wer morgen um diese Zeit der erste war, würde sterben müssen.) Jetzt baute sich der vorderste am Knubben auf und starrte unverwandt die Kamera an, die Veränderung seines noch gestrigen Blickfeldes. Er stand noch nicht im Schärfenbereich der Kammera, so dass es mich in den Fingern juckte, dennoch auszulösen.

Dann half mir ein Geschwisterchen, das ihn von hinten zehn Zentimeter vorwärts schubste. Das Blitzlicht klatschte ihm voll ins Gesicht – auch Menschen würden hier ärgerlich reagieren. Er wich aber nur zwanzig Zentimeter zurück, so dass sein Drängler den Platz einnehmen konnte. Inzwischen hatte der Blitz sich wieder aufgeladen, so dass ich eine zweite Aufnahme machen konnte – welche der ersten bis aufs Haartüpfelchen glich.

Jetzt huschten die Jungfüchse in den Hintergrund zurück, die Fähe rückte aus dem Bau und nahm sie mit zur Jagd. Am nächsten Abend schoss der Jagdherr eines der Jungtiere. „Sie waren“, sagte er, „einfach frech geworden und fingen dem nächsten Bauern, die Hühner weg. Das dürfen wir Jagdherren nicht zulassen.

Vier Wochen später verglichen wir mein erstes Foto mit dem Präparat seines ersten Fuchses: Ja, sie stimmten vollkommen überein – wer nicht hören will muss fühlen...“

Zwei nächtliche Fotos. Bei einem anderen Fuchsbau, von dem aus man wohl schießen und beobachten konnte, erlebte ich eine Überraschung. Nachdem eine Fähe 15 Minuten lang die Gegend „berochen“ und beobachtet hatte, gab sie das Startzeichen für ihre Jungen, sie selbst trollte sich vondannen. Auf meinen ersten Fotoschuss flüchteten diese allesamt davon und kehrten nach Minuten höchst verstört misstrauisch zurück. Wenn man das Bild genau betrachtet, kann man vier (nicht nur drei) Tiere erkennen. Als sie nach zwei Stunden nicht wieder hervorkamen, brach ich ab und beschloss, morgen am Frühnachmittag es noch einmal zu versuchen, weil die Sonne dann zwei Stunden lang den Bau beleuchtete. Daraus wurde nichts: Denn inzwischen hatte eine Gruppe Jungjäger mit zwei Dackeln den Bau aufgegraben und die Jungen durch die Hunde abwürgen lassen. Ich kritisierte nichts, denn ich wollte es mir mit diesem sonst auskömmlichen Jagdherren nicht verderben.

Beim unteren winterlichen Bild fotografierte sich ein Kaninchen auf der von mir erbauten und eingerichteten Brücke selbst. Es scheint im vollen Lauf gewesen zu sein und wurde vom Blitzlicht dekorativ erfasst. Obwohl vom Spätsommer her im benachbarten Revier mit vielen sandigen Steinwänden und kleinen, gut mit Löchern unterminierten Hügeln eine wahre Kaninchenplage herrschte und ich damit hoffte, ganze Rotten dieses Wildes „würden sich auf die Socken machen“, kam nur diese einzige Aufnahme zustande. Was war geschehen? Die Seuche „Myxomathose“ hatte alle Kaninchen angesteckt und für die Ausrottung einer ganzen Generation gesorgt. Bei dieser Seuche erblinden die armen Tiere und beginnen dann natürlich im Revier und auf Straßen und Wegen herumzutorkeln und unter die Räder des Verkehrs zu kommen, besonders in Stadtgebieten mit Parks und vielen stillen Gegenden mit Gärten und an Stadträndern. Niemals, das weiß der Mensch seit dem Mittelalter, rottet eine Seuche „alle“ Lebewesen aus – Minderheiten bleiben übrig und bilden den Stamm neuer Generationen, die dann im günstigen Fall, immun geworden sind. Weil die Myxomathose auch Hauskaninchen befällt, ist sie besonders gefährlich.

Unterschied zwischen Hase und Kaninchen. Manche Leser mögen sich fragen: „Sind diese beiden jagdbaren Wildtiere miteinander verwandt oder nicht.“ „Nein!“, meinte schon Herr Linné, als er die heutige Nomenklatur schuf. Der Hase hieß bei ihm *Lepus europäus,* das Wildkaninchen *Lepus cuniculus,* später *Oryctolagus cuniculus.*

Wir wollen hier gar nicht wissenschaftlich werden, sondern herausstellen, wie die Natur ihren Geschöpfen hilft, über die Runden zu kommen. Natür hat es in Frühzeiten in der Gruppe der Nager Verwandtschaft gegeben, dann jedoch begannen die Unterschiede. 1.) Der Hase, ein vorwiegend tagaktives Tier, nutzte seine Schnelligkeit und Ausdauer, „oberhalb“ zu bleiben und nicht einen Bau zu beziehen. Damit war er in der Geburtenzahl begrenzt. Und wer so lebt, kann keine große Kinderschar gebrauchen. Positiv ist jedoch zu werten, dass seine Kinder von Geburt an vollkommen behaart und ausgebildet sind und keiner elterlichen Fürsorge bedürfen – außer der täglichen Versorgung durch Muttermilch. Er bleibt den ganzen Tag lang irgendwo im freien Feld liegen, wartet auf seine Mutter und wächst schneller als seine Kaninchen-Kollegen.

Diese sind unterhalb der Erde in Mutters gegrabener Erdhöhle als Vier- bis Sechslinge geboren worden, total unfertig und blind. Sie werden von der Mutter versorgt, bis sie, wie Füchse und Dachse auch, selbständig und den Eltern gleich geworden, sich zum erstenmal ans Tageslicht wagen. Dann sind die Junghasen schon über zwei Wochen alt und nicht mehr auf ihre Mutter angewiesen. Wer im Tierreich sich stark vermehrt, muss auch viele Verluste hinnehmen.

Auf der Abbildung zeigen wie links oben zwei selbständige Hasen, die sich auf ihre angeborene Geschwindigkeit verlassen, rechts oben zwei ebenfalls nicht mehr auf ihre Mutter angewiesene Jungkaninchen, welche sich noch nicht weit vom Bau zu entfernen wagen. Unten links ist ein zwei bis drei Tage alter Junghase zu sehen, der voll ausgebildet sich bei Gefahr „auf der Stelle drückt“ und sich wohl anfassen lassen wird, und rechts unten ein unterirdisches Nest von sieben oder acht Babys, die im Alter von vier bis fünf Wochen noch nicht entsäugt sind. Sie werden, wenn sie dann ans Tageslicht kommen, Opfer von Füchsen, Wölfen, Mardern und Jägern werden, wenn sie nicht achtgeben – besonders der Mensch „isst gern Kaninchen“, sonst hätte er sie nicht domestiziert...

Kaninchenplage. Eine Hasenplage scheint es noch nicht gegeben zu haben – wohl aber eine Kaninchenplage. Zum Beispiel in Australien. Bei Wikipedia kann man die Anfän-

ge nachlesen: „Als vor 140 Jahren zwei Dutzend Kaninchen dorthin importiert wurden, waren sie zunächst als Fleisch- und Felllieferanten willkommen. Aus diesen Tieren wurden innerhalb von 100 Jahren mehrere Milliarden und sie breiteten sich über den ganzen Kontinent aus."
Als ich dies las und innerlich die Methoden zur Bekämpfung der Wühler durchdachte, wurde mir ganz übel: Vernichtung durch Gifte, Infektion der gesunden Tiere durch an der Myxomathose erkrankte, Fallenstellerei, Beauftragung von Jägern zum Abschuss und andere zweifelhafte Methoden scheinen nicht gewirkt zuhaben. Das obere Bild links zeigt das Leben auf den Bauen, mit denen ganze Landstriche besetzt und unterminiert und nur durch schweres Gerät wieder nutzbar gemacht werden können. Das zweite Bild links unten zeigt die Kaninchen bei der Nahrungsaufnahme auf bäuerlichen Feldern, Es ist klar: Wenn irgendwo ein Schuss fällt oder ein Jagdhund bellt, ist die ganze Sippschaft im Nu entschwunden.

Ich sprach mit einem australischen Farmer in Kenia darüber und entwickelte ihm einen Plan zur kriegsmäßigen Bekämpfung der Nager ohne Gifte und „andere Gemeinheiten". So sah mein Plan aus, den Helmuth von Moltke ausgeheckt haben könnte: Die sanften Hänge, an denen Kaninchen mit Vorliebe „arbeiten" und ihre Baue haben, sollen in der Zeit, wo die meisten Jungen noch Muttermilchtrinker sind, oberhalb am Hügel ganz leise in der Vordämmerung oder frühmorgens Kompanien von Jägern sich in Bewegung setzen und in Linientaktik vormarschieren. Wenn sie die Bauten überschritten haben, ist den Altkaninchen die Flucht in diese abgeschnitten. Sie wollen dann in die andere Richtung flüchten, aber von dort über beide Flügel rücken andere Einheiten vor – so dass eine richtige militärische Kesselschlacht entsteht.

In die Masse rat- und kopfloser Kaninchen wird nun das Feuer eröffnet und Millionen von Schroten prasseln in die Tiere hinein. Für ganz todesmutige – Hasen machen das bei Treibjagden manchmal – die durchzubrechen versuchen, sind die Hunde da; die Baue sind zu weit entfernt, dass viele der Tiere entkommen können.

„Das machen wir“, sagte der Farmer, „es ist typisch deutsch und gründlich durchdacht.“ Ich muss allerdings gestehen, nie wieder aus dem fernen Kontinent in der Sache etwas gehört oder gelesen zu haben…

„Wo Kohl wächst….haben‘s Hasen gut! Nicht immer, wie wir lesen werden.

„Vati“, rief Maximilian, genannt Maxi, aus seinem Schlafzimmer nach unten, „wir können wieder Hasen fangen,“, und er erklärte, im Grünkohlfeld des Gartens wenigstens vier Hasen gesehen zu haben,

„Kohlhasen“, erklärte er, so dass er in der Schule „Kohlhas‘“ gerufen wurde. Nun spielte sich diese private Wilderei oder das Hasenklauen folgendermaßen ab.

In der dicken und dichten Thuja- und Taxushecke, welche den Garten eng umschloss, hatte man anfangs Winter einen Durchlass gemacht, der von wilden Vier- und Zweibeinern benutzt wurde: Fasane, Rebhühner, Rehen, Frischlingen und Hasen genutzt wurde – vor allem Hasen, welche mit ihrem Gewicht durchaus eine vierköpfige Familie sonn- und feiertags ernähren konnten.

Man schritt zur Tat, ehe sich die Hasen „auf die Socken“ nach draußen machten. Maxi schlich behutsam den

Garten von der richtigen Seite an und befestigte am Durchschlupf einen fast nicht sichtbaren Sack oder Beutel so an, dass kein flüchtiges Tier die Veränderung bemerken und misstrauisch werden könnte. Der Sack war eine Sonderanfertigung und so lang und eng, dass jedes hinein gekommene Tier sich kaum umdrehen konnte, wenn Maxi kam.

Es war Sonntagmorgen gegen 11 Uhr, Kirchgänger ließen sich hier nicht sehen, als es mit der Ruhe im Haus vorbei war und Sprechen, Schimpfen, Singen, Türenklappern und das Öffnen von Fenstern den Tieren verriet, dass die Gemütlichkeit vorbei war und bald der erste Hund den Garten zu inspizieren kam. Maxi befand sich in einem Holzschuppen und konnte durchs Fenster sehen, wenn sich ein Todeskandidat der Hecke näherte. Da, der erste Hase kam. Er huschte durch die Hecke und verhedderte sich infolge seiner Krallen im Sack. Maxi sah mit Genugtuung, dass die drei anderen Hasen ihm rasch folgten und durch die Hecke flitzten. Fast noch schneller flitzte Maxi vor und sperrte den Tieren einen Fluchtweg in den Garten zurück ab.

Ha, war das ein Gewusel, als die Tiere ihn kommen sahen und er mit Großvaters Krückstock zuschlug. Anmerkung: Es war noch die Zeit ohne Tiefkühlung von Fleisch – doch wer wie diese Familie hier Fleisch in Gläser einkochte, vermisste die Technik nicht - „Hase im Grünkohl mit Jungkartoffeln und Rote Bete“: Herz und Magen, was begehrt ihr mehr!“

Der Hase und der Marder. Wir führen hier beide Vertreter der Fried- und Raubtiere zusammen, weil die Geschichte sich laut jagdlichem Augenzeugen so abgespielt hat. Der fast erwachsene Feldhase hatte an diesem Tag beschlossen, es sich in einer Rille des Ackers mit schütterem Grasbewuchs bequem zu machen und sich nur bei höchster Gefahr zu flüchten. Düsenflugzeuge der Luftwaffe gehörten nicht in diese Kategorie – es sei denn, sie landeten auch einmal auf Ackerland. Auch an einen Überschallknall war dieser Hase gewohnt, auch wenn erden Luftdruck im Fell spürte.

Was konnte ihm passieren, wenn er erst am Frühabend zum benachbarten Kleeschlag überwechselte, um Klee zu mümmeln? Nur das Kommen eines Jägers, der den Hochsitz zu beziehen gedachte, um Brotzeit zu halten und selbst Bierzeit. Und da hielt auch schon sein Auto an der Landstraße. Er öffnete die Tür, um bequem mit seinem Jagdglas den Schlag vorm Hochsitz abzuleuchten. Das Glas brachte ihm den Hasen so nahe, dass er erkannte, einen altgedienten Mümmelmann vor sich zu haben, der besser in den Bräter passte als hier aufs Feld.

So schlug er einen großen Bogen, um über einen Umweg zum Hochsitz zu gelangen, (Wir wissen bereits, dass ruhende Hasen nicht geschossen werden dürfen.) So gelangte er zum Hochsitz, stieg auf und machte es sich bequem. Wenn er nun nicht lange gewartet hätte, wieder abgestiegen wäre und auf den ablaufenden Hasen geschossen hätte, dann wäre unsere Geschichte jetzt fertig.

Aber nein! Eine kleine Flasche Altbier, die seinem Magen so gut tat… Als er erwachte, sah er einen Besucher den Hasen betrachten: einen Baum- oder Edelmarder. Er war sehenden Auges die Furche entlang gepirscht, bis er auf etwa 20 Meter den Hasen erblickte. Der Marder war ein Kurzstreckensprinter, der Hase ein Blitzstarter und Langläufer. Jetzt zeigte sich, dass es in der Tierwelt auch kluge Pappenheimer gibt, besonders unter den Räubern.

Der Marder kehrte um, trabte zurück und schlug um den Hochsitz herum einen großen Bogen, so dass er nun dem Hasen von hinten kommen konnte. Der ahnte nichts, bis der Marder fünf Meter hinter ihm vorpreschte und sich sofort in seinen Hals verbiss. Da nützte ein Hochsprung nichts, auch ein gellender Klageschrei nicht, der Hase starb am Blutverlust. Weil der Edelmarder seinen Sommerpelz trug, kam er davon und flüchtete vor dem absteigenden Jäger – ob er zurück zu seiner Beute gekommen ist, bleibt unbekannt…

Kollege Hausmarder. „Er hat mir mein Frühstücksbrot geklaut," sagte der neue Landwirtschaftslehrling betrübt, „gebt mir ein neues," Das war beim notorischen Geizkragen Mickersammy nicht sicher, „denn jeder hat auf sein Futter selbst aufzupassen, wo kämen wir denn sonst hin?" „Sie kämen", antwortete der Lehrling mutig, „ins Kittchen, da würden Sie Ihren Speckbauch schnell verlieren." Darauf wollte es der von der Kammer frisch ernannte Bauer nicht ankommen lassen. Er suchte einen anderen Grund zum Nörgeln. „Kürzlich", sagte er „hat mir jemand mein gekochtes Ei, das ich essen wollte, sozusagen aus den Fingern genommen." Er schaute dabei den neuen Lehrling so an, wie ein Verhörer es bei der Polizei tun würde. „Wenn hier einer beim Essen klaut, sind Sie es selbst, Chef. Ihr ewiger Schmacht hängt uns allen bereits zum Hals heraus." Das waren starke Worte gegen einen Chef. Ehe es zur Eskalation kam, kannte man den Täter. Es war ein

Hausmarder, der es sich oben auf dem Dachboden gemütlich gemacht hatte.
„Ich beweise es mit meiner Kamera", sagte ich.
Der neue Bewegungsmelder arbeitete mit eigener Batterie, so dass ich wenig installieren musste. Ich suchte eine Stelle auf dem Dachboden aus, eine Art Zwangspass, welche der Marder, der vollkommen lautlos arbeitet, beim Hin- und Hergehen, passieren musste. Die Infrarot-Fotofalle arbeitete mit nur einem Strahl, Wurde dieser unterbrochen, löste die Kamera aus.

Schon in der ersten Nacht klappte es, ich entwickelte den Film und sah als Ergebnis den Marder über die bewusste Stelle schreiten. Über Tag kletterte ich noch einmal hinauf und löste eine Dachpfanne so, dass der Marder in die rettende Freiheit entkommen konnte. Dabei erfuhr ich nebenbei, dass schon einmal ein oder zwei Hausmarder oben gewesen waren, weil ein Eulenpaar dort nistete und ein Huhn angefangen hatte, seine Eier zu legen – welche für alle Marder als Naschkatzen eine unwiderstehliche Anziehungskraft besaßen. Ein vom Hund gejagter Marder fegte durch eine offene Luke, sprang von der Regenrinne aus nach unten und landete in einem nicht abgedeckten Brunnen. Niemand sah es und er wird sich totgeschwommen haben„

Ein engagierter Naturfotograf. Gemeint ist der oben abgebildete Horst Niesters. Er gehört wie der Autor zum Mitbegründer der GDT (Gesellschaft deutscher Tierfotografen) und war damals Geschäftsführer des Tierparks Hellenthal in der Eifel. Sein Buch „Waldgeheimnis" hat damals viel Aufsehen erregt.

Er arbeitete wie der Autor mit der 6x6-Kamera Hasselblad, von welcher noch ein Exemplar auf dem Mond liegen soll. Er führt uns hier sein extremes Teleobjektiv von zwei Meter Brennweite vor, das nicht mehr per Hand bedient werden kann. Es vergrößert die für solche Kameras die normale 80-mm-Brennweite auf über zwanzigmal, es fehlt ihm jedoch die „normale“ Lichtstärke, so dass auch bei größter Helligkeit keine Aufnahme per Hand gemacht werden kann. Es fehlt auch der absolut feste Standpunkt, den selbst das stabilste Stativ nicht bieten kann. Ferne Galaxien und den relativ nahen Mond fotografieren – nun denn! Aber einen Rehbock im deutschen Laubwald zu fotografieren, oder einen Gorilla in Afrika oder einen Elefanten in der Serengeti – nein danke!

Ein neugieriger Kleiber. Er kam von der nahen Winterfütterung, denn er fliegt ja nicht nach Süden ab, herangeflogen, besichtigte sozusagen die Technik unserer Zeit oder spiegelte sich auch im hier nicht sichtbaren Glas des Objektivs. Als ich ein paar Sonnenblumenkerne in den schwarzen Lederbalgen deponierte, trat ich eine Lawine hungriger Vögel los. So musste ich die zweite Kamera aufstellen, welche die erste fotografierte.

Somit kam ich auf die Idee, einen freien wilden Vogel aus einer Kamera blicken zulassen. Dafür eignete sich nur die Linhof-Technika, bei der, dreht man das Objektiv aus der Platte heraus, ein rundes Loch entsteht, wie bei einem Vogelhäuschen, durch das ein kleiner Singvogel wie Meise und Kleiber hier, in die Kamera schlüpfen kann. Dort müssen natürlich ein paar Leckerlis liegen. Beim Hinausklettern des Vogels kann dann in aller Ruhe ausgelöst werden.

Diese Trickserei ist sehr attraktiv und ihre Ergebnisse können leichter veröffentlicht werden...

Zusammenleben

Tiere und Menschen machen es sich oft einfach: „Warum sich an die Köppe kriegen, wenn's auch anders geht!“ Auf dem Bild ist die Frage überzeugend beantwortet. Wir wissen auch dieses: Es gibt einen Hausfrieden. Gewiss: Bei diesem Beispiel tun die beiden jungen Kaninchen natürlich niemandem etwas, sie sind froh, vom Dachs am und im Bau nicht angegangen zu werden, umgekehrt ist das nicht sicher. Wenn Dachsvater und -mutter im Bau auf einen frischen Wurf Kaninchen stoßen, könnten sie sich bedienen. Auch die große Eule dort oben in der Baumhöhle wäre wohl nicht abgeneigt, ihren Jungen ein zartes, leicht zerlegbares Kaninchen zu bringen,

Ich beobachtete eine Fuchsfähe, die bei der Heimkehr von erfolgreicher Jagd ihren Jungen ein Jungkaninchen servierte, das noch zappelte und zum Spielen ihrer Kinder wie geeignet erschien. Es konnte sogar noch laufen und versuchte, im Dunkel des Baues zu verschwinden, doch schwuppdiwupp nahm es das größte Fuchskind am Hinterteil fest, während eines seiner Geschwister am Köpfchen zupackte und nach Kräften zog. Dann fassten noch zwei andere Fuchskinder seitwärts zu und gemeinsam riss man das schon tote Kaninchen auseinander. Kann es, nach unserer Ansicht, mehr Grausamkeit geben?

Aus der Serengeti gibt es schriftliche und bildhafte Berichte, dass Räuber wie Löwen den Gnuherden scheinbar ohne feindliche Absichten folgen und sie beobachten, dass man glaubt, im frischen Garten Eden zu sein. Aber denk'ste! Sie warten auf entbindende Gnumütter, denen sie das erscheinende Kind unterm Hintern wegstehlen und das von den Löwenkindern im Nu zerrissen und verputzt wird.

Ich beobachtete einmal durchs Fernglas, wie ein Baummarder eine von fünf Jungspechten besetzte Baumhöhle plünderte und innerhalb einer Stunde alle Jungen unter dem mörderischen Geschrei der Elterntiere sie seinen Jungen in einer großen, vom Sturm geschaffenen Baumhöhle verfütterte. Ein anderes mörderisches Beispiel aus Florida: Während eine Alligatormutter ihren eigenen Jungen Spiel- und Ruheplätze auf ihrem breiten Rücken gewährte, den diese von hinten kommend erstiegen, schnappte sie jedes Alligatorkind, das sich von vorn ihrer Schnauze näherte, mit einer blitzschnellen Rachenbewegung und fraß es auf. Gibt es da nicht einen passenden plattdeutschen Kommentar zu? Ja, hier ist er: „Wat den enen sien Uhl is, is den annern ne Nachtigall."

Anfangserfolge. Ich brauchte nicht viele indirekte Lehrstunden in der Tierkunde: Weil einer meiner Großväter staatlicher Revierförster in der Lüneburger Heide war, wo sich einst ein gewisser Hermann Löns jagdlich und dichterisch austobte.

Wir zwei tobten nicht, sondern saßen oft auf Hochsitzen „stikum", wie man hier sagte, und warteten der Sachen, die Großvater erwartete: Damwild *(Dama dama)* einst von den Römern nach Germanien gebracht, Rehe, Rothirsche und Kleinwild wie Hasen, Kaninchen und Füchse. Da sagte der Groß vater mit leiser Stimme: „Direkt vor uns ist ein Loch in der Erde, jetzt ist es ein Viertel vor acht, er wird gleich kommen." „Er" war ein Dachs, mundartlich „Meister Grimbart" genannt, „und du musst ganz still sein, dann bleibt er eine Weile zu unseren Füßen und bekratzt seine Zecken, Läuse und andere juckenden Stellen seines Körpers." Und genau so geschah es.

Am nächsten Abend saßen wie auf einem Hochsitz, der Ausblick auf einen Heidebach gewährte und den Hirsche und Rehe begingen, um zu anderen Stellen ihres Reviers zu gelangen. „Die Damtiere, das sind die Weibchen und heißen schlicht Tiere, tragen jetzt noch ihr Winterkleid und wechseln es im Mai auf ein helleres mit weißen Punkten." Ich lernte hier eine neue Sprache kennen, nämlich „Jägerlatein" und ihre vom normalen Deutsch abweichenden Fachausdrücke: Äsen = Essen, Läufe = Beine und Lauscher = Ohren.

Da hörten wir ein Platschen im Wasser, und ein Damtier, das Großvater sogar mit der Taschenlampe anleuchtete, zog unbeeindruckt an uns vorbei. Als Ruhe einkehrte, verließen wir den Stand, denn Großvater meinte – ich war 6 – wir müssten zum Abendessen zu Hause sein.

Viele Jahre später – Großvater deckte schon der Sand des Celler Friedhofes – machte ich Aufnahmen, die „wie bestellt" zum soeben geschilderten „Tatbestand" gelten können. Zu schade, denke ich manchmal, dass unsere Altvorderen nicht miterleben, wenigstens von oben sehen können, was ihre Kinder und Enkel treiben...

Zufallstreffer. Die Brücke über den Emmerbach war noch nicht freigegeben, als ich schon an den Spuren feststellen konnte, dass Reh- und Damwild sie schon nutzten, um tro-

ckener Läufe hinüberwechseln zu können. Natürlich hatte die Verwaltung es abgelehnt, sie wegen des Wildes zu genehmigen – ganz richtig, meinten die Bauern – als aber das Forstamt argumentierte, man brauche sie zur Bewirtschaftung des Waldes, war alles klar.
Weil ich mit dem Käfer so nah heranfahren konnte, etwa 80 Meter, und das Tele diese Distanz schaffte, beschloss ich, schon morgen den ganzen Sonntag zu opfern, um zu ersten Aufnahmen zu kommen. Hasen, Kaninchen, ein Fuchs und jede Menge Wasserratten und Mäuse liefen von Ufer zu Ufer, ich fotografierte sie nicht, weil die Brücke einen beidseitigen hohen Rand besaß, hinter dem die Tiere zur Hälfte nicht sichtbar waren. Dann kam der halbstarke, betrat die Brücke ohne Zögern und blieb erschrocken stehen, als ich die Kamera auslöste. Fast hundert Meter – und er hörte sie doch. Nun „gab er Gas“ und legte die Strecke zum Ufer empört bölkend und im „vierten Gang“ zurück.

Schon einmal hatte ich aus dem Auto heraus erkannt, dass die halbstarken Damhirsche tagsüber die einspurige Schienenstrecke MS – DO querten. In der Davert fand ich die Gewissheit: Wo ihre auf dem Damm beidseitigen Fernwechsel den oben ankamen, gingen sie schräg herüber und wechselten so das von der Bahn durchschnittene Revier. Ich baute ein Ansitzzelt auf, zwei Meter von den Schienen entfernt, gegen den vorherrschenden Wind, und tarnte es mit Zweigen, die ich unten am Revierboden geschnitten hatte.
Es war nun 14 Uhr, das Wetter spielte verrückt und ich beschloss, morgen früh beim Hellwerden wieder an Ort und Stelle zu sein. Oh weh: Das Zelt stand nicht mehr, es

lag fein gefaltet an dem erwähnten Ort und der ebenfalls erwähnten Stelle. Die Tarnzweige lagen daneben. Und was ich nie gedacht hatte, ein Bahnbeamter, früher Schienentippler genannt, war gestern und ließ mich wissen, dass ich auf den Geleisen nichts zu suchen hatte. Ich hoffte auf den Sonntag, baute alles wieder auf und verkroch mich ins Zelt – eben „donnerte“ ein Zug vorüber. Eine Minute später standen die beiden abgebildeten Stangenhirsche vor mir und taten so, als wollten sie kämpfen – doch die Brunft der Hirsche begann erst in ein paar Monaten.

Die Birkhähne vom Schliersee. „Ich habe meinen Hahn geschossen“, sagte der Chefredakteur, „Sie können ab morgen hinauf und fotografieren.“
Endlich, auf den Anruf hatte ich gewartet. Denn dass beide, sowohl Jäger als auch Fotograf, gleichzeitig arbeiten, ist absolut unmöglich. Sie, diese Birkhähne, standen im Ruf, wenig menchenscheu zu sein, ein kleines Erdversteck, aus dem heraus man fotografieren könne, sei ausreichend – allerdings müsse man vor den Vögeln im Zelt sein: „Wenn sie nur einmal uns Menschen mit dem Versteck in Verbindung bringen, ist‘s aus.“

Die Viehweiden unterhalb der Rotwand waren ein ideales Gelände für die Balz der Birkhähne, seit Urzeiten wird der Platz benutzt. Und so war ich am nächsten Tag gegen 12 Uhr hoch, nachdem ich mir unten am Bach ein paar meterlange Weidenstöcke geschnitten hatte. Ich hatte mir längst eine Genehmigung der Gemeinde verschafft, den Holz- und Viehtrieb nutzen zu dürfen und brauchte nicht schon um Mitternacht raufzufahren. So lag ich gegen drei Uhr im Zelt, duselte vor mich hin, aß etwas, bis ich mit der ersten Strahlung im Osten die Hähne einfallen = landen hörte.

Weil ich wusste, dass die Hähne gern höher stehen, etwa auf Felsen oder Baumstumpen, hatte ich die Linhof Technika gegen die Sonne auf ein Stativ gestellt – in der Hoffnung, ein Hahn werde sie als Sitzplatz nutzen. Er tat es dann auch, so dass die Hennen ihn begeistert anstarrten und sich wie unauffällig herandrängten. Doch plötzlich, schnurrdiburr, flogen alle fort. Mir hatte bisher niemand verraten, dass Birkhähne eine Sonnenbalz einlegen, nachdem sie allesamt fortgeflogen waren.

Da war guter Rat unerschwinglich. Ich war innerlich schon beim Aufgeben, schaute in die rotgoldene Morgensonne und genoss die Farbstimmung, die ich später als Bild zu malen gedachte – da, zum zweitenmal Schnurrdiburr – sie waren alle wieder da!

Einer, die wie ein Hühnerhof-Chef aussah, war auf der Kamera gelandet und vollzog dort sein Balztanz und sein Morgenlied in wahrhaft überzeugender Art und Weise. Ich brauchte meine Hasselblad nur ein wenig zu korrigieren, dann war der Film voll. Er fiel mir beim Wechseln aus der Hand und entrollte sich – alle Aufnahmen waren perdu… Aber mein visuelles Gedächtnis hatte wie ein Computer alle Daten des Bildes gesammelt und brachte sie einigermaßen aufs Papier.

Winteridylle

Zwei Rehe kehren heim. „Was war mit ihnen los?“, mag sich mancher meiner Leser beim Anblick des Bildes fragen, Die Sonne versuchte durch den Winterdunst zu kommen und war durch Luftdichte hellrot. Wie man an den Läufen sieht, liegt der Schnee nicht sonderlich hoch, höchstens 10 Zentimeter, aber er scheint hart gefroren zu sein – nicht so hart, dass die Rehe nicht einbrachen. „Das ideale Wetter für Wölfe", dachte ich, aber der letzte hier war vor 200 Jahren geschossen worden und die neuzeitlichen gab es in Deutschland noch nicht.

Es schien eine Mutter mit ihrem Kitz zu sein, das sich voran schleppte und jetzt nicht weiterkam. Ich alarmierte den zuständigen Revierförster und wir gingen den beiden Rehen in aller Ruhe entgegen. Die hintere Ricke blieb stehen, das Kitz, was uns gar nicht wahrnahm, stieß gegen den Förster und wurde sofort auf den Arm genommen und aufs nahe Grundstück gebracht.

Dort war es „eine Woche krank geschrieben", bis seine Mutter es energisch zurückforderte. Inzwischen war die Schneelage getaut und das Wetter günstiger geworden. Der Tierarzt hatte keine anderen Gebrechen gefunden als „allgemeine Müdigkeit" und empfahl das Aussetzen in einer nahen Fichtenschonung im Revier. Dort hatte man den Tisch gedeckt: Eine überdachte Raufe mit frischem Heu, Hafer dazwischen und kleine Stoppelrüben, Äpfel und Eicheln. Nur das Kitz aß davon, sah den Tierarzt als seinen Vater an und vermisste seine Ricke scheinbar keineswegs. Diese hielt sich in der Nähe und vermied es, zu nah mit uns zusammenzukommen.

Das trockene Heu bekam dem Kitz, das jetzt 10 Monate alt schien, erholte sich zusehens, was der Tierarzt an seiner Kotabgabe erkannte, es schloss mit Dackel Klausmann Freundschaft, der es in den Wald begleitete. „Entweder", entschied der Doktor, „ihr behaltet es als zahmen Hausgenossen oder ihr jagt es fort, wenn es vom Wald herkommt.

Dies wäre das Natürlichste und der Art gerecht..." „Schon gut, „Doktor, es soll dorthin zurück, wo es hört." Vierzehn Tage „Klinikaufenthalt" mit Vollverpflegung hatten es auskuriert und die Familie, der Doktor und ich mit meiner Kamera reagierten nicht mehr auf seine Annäherungsversuche…

Ein Wolf und eine Gämse. Ein Wolf, den ich zuerst für einen zahmen hielt, bis mir sein zu lebhaftes Interesse an Haustieren, Katzen und Hunden auffiel, stand in Erwin Wagners Schwarzwald-Revier vor meinem Wagen, so dass ich anhalten musste, um zu fotografieren. Er kam mir nicht geheuer vor, weil er im Stehen den Winterbetrieb des nahen Erholungsortes fixierte, besonders die rodelnden Kinder mit ihrem Geschrei. Er stand nun schön breit vor mir, wie zu einem regelrechten Blattschuss, und da wusste ich, was ich zu tun hatte: Weg mit ihm in die wirkliche Einsamkeit der freien Wildbahn! So zog ich ihm meinen Eisstock, ohne den ich nie in den Schnee ging, eins über seinen hübschen Schädel, so dass er zusammensackte und von mir zugeschnürt werden konnte: die Füße paarweise, den Kopf mit dem gefürchteten Gebiss im Rucksack verschnürt, so dass er mich nicht beißen konnte. Dann kam er hinten in den Kofferraum. Eine Stunde Fahrt und ich war auf einem der höchsten Punkte des Schwarzwaldes an- und Wölfi war inzwischen zu sich gekommen. Ende gut – alles gut? Ich habe nichts mehr von einem Wolf im Schwarzwald gehört…

Die Gämse baute sich, als ich von „der anderen Seite" auf den Großglockner fuhr, von wo man den Gipfel des Berges besser ins Bild bekommen konnte, plötzlich vor mir auf und beachtete mich überhaupt nicht. Sie schaute nur zurück, wo andere Artgenossen sich herumtrieben, die Böcke sich balgten und die Kitze ihre Bocksprünge machten. Ich warf ihr einen Apfel zu, den sie beroch und dann aufaß. Erst jetzt, nachdem sie noch einmal nach hinten gesichert hatte, schien sie mich wahrzunehmen, als ich ins Auto stieg und weiterfahren wollte. Da stand plötzlich ein Kitz bei ihr, das ihr Euter heftig durch Stöße bearbeitete, um die Milch anzuregen. Als ich ausstieg, um dieses echte Winteridyll ins rechte Bild zu rücken, verschwanden Mutter und Kind blitzartig im Fichtenbestand und ließen einen verdutzten Fotografen im Leeren stehen. Der musste nun in schweren Stiefeln ein paar hundert Meter wandern, um gleichwertige Fotos zu erhaschen. Es ist bekannt, dass auch diese Bergziegen gegen Menschen vertrauter werden, zum Beispiel in Touristengebieten, je näher sie Bekanntschaft mit ihnen schließen.

Die halbzahme Gämse. Es sollte nur ein später Erkundungsgang werden: Ich glaubte nicht sicher einem Touristen, der hier im Höllental einen Gamsbock gesehen haben wollte. Ja, warum eigentlich nicht? Auch in den Alpen ist bekannt, dass diese winterharten Tiere ab dem ersten heftigen Schneefall nach unten steigen in die Wälder hinein. Das tun viele Tiere aus den Bergregionen.

Auch der Mensch! Ich erinnere mich daran, dass ich einmal mit dem winterfesten und naturerfahrenen Käfer unterwegs war, wo ich, nur wenige Schritte vom geparkten Auto entfernt, mir die Tür aus der Hand gerissen wurde und so heftig zuknallte, dass ich schon glaubte, sie nicht wieder öffnen zu können und hier erfrieren zu müssen. Die mutigsten Gemsen waren bis auf den Parkplatz gekommen, um die Papierkörbe nach Blumen und anderem Grünzeug der Touristen zu untersuchen.

Jetzt, hier im Höllental, war alles tief verschneit und damit Weiß die vorherrschende Landschaftsfarbe, in welcher der Gamsbock tiefschwarz aussah – wenn der Wintersturm den Schnee von seinem Körper fegte. Ich ließ bei diesem Wetter meine kostbare Kamera-Ausrüstung, (Wert 20.000 DM) im Wagen und steckte mir nur meine Agfa-Isolette-Klappkamera in die Tasche. Denn ich bemerkte, dass der Bock vor mir nicht zu flüchten gedachte.

Rasch nahm ich noch ein paar Äpfel vom Rücksitz, um ihn locken zu können. Hundert Meter weiter sah ich eine Raufe stehen, an der ein Mann arbeitete. Er füllte sie mit Bergheu auf, das höchst wertvoll war und sogar ein paar Edelweißpflanzen enthielt. Der Bock folgte mir zu ihm, nachdem er den Apfel so lange im Maul hin- und hergeschoben hatte, bis er ihn herunterschlucken konnte.

„Ich wusste bisher gar nicht", begann ich das Gespräch mit dem als Förster erkennbaren Mann, „dass es im Schwarzwald Gämsen gibt."

„Im Ursprung schon lange", antwortete er, „dann sind sie in die Alpen Alpen abgewandert, als die Hohen Herren anfingen, sie zu sehr zu belästigen. Dort", er wies auf einen Felsen nebenan mit steilen Partien, „dort soll Kaiser Maximilian höchstpersönlich einen Gamsbock, der in eine Sackgasse geraten war, mit einer langen Lanze in die Tiefe gestoßen haben."

Ja, dieses alte Bild kannte ich.

„Dieser Gamsbock ist mein Liebling“, sagte der Förster und klopfte dessen schneebedeckten Rücken….

Winter vorm Haus. Links oben. Ich war nach Tiefenbach gefahren, weil mich der bekannte private Revierförster mitteilte, dass auch in diesem Jahr das Rehwild „direkt“ beim Haus besuchte und jetzt, wo in der freien Natur kaum Essbares aufzutreiben war, bis in den Garten käme und das Heu und Stroh, Rüben, alte Äpfel und Birnen am Vormittag aufäße. Ich könne per Leiter in die Obstbäume klettern und von dort „prima Fotos“ machen, die Sonne würde konstant scheinen.

Nichts wie hin, es war Mitte Februar. In der Gießkanne hatte wohl der vorjährige Marder geschlafen, auf jeden Fall hatte er meine ihm unbekannte Stimme vernommen und wurde neugierig. Gut, wenn immer eine der vielen Kameras bereit liegt! So fotografierte ich das noch junge Tier, das auf dem Grundstück des Försters Burgfrieden genoss und – etwas über ein Jahr alt – seinen feinen Pelz noch ein Jahr tragen durfte.

Links unten. Diesen Blick aufs anwechselnde Rehwild hatte ich dort, wenn ich mich in einer Astgabel des Boskop-Baumes niedergelassen hatte. Zeitweise hatte ich das Rehwild direkt unter meinen Füßen, es muckte auch nicht auf, als meine Kameras, diesmal eine Rolleiflex dabei, pausenlos rasselten und auch der Filmwechsel nicht leise stattfinden konnte – das Wild war einfach Geräusche von oben nicht gewohnt. Es horchte zwar auf, wenn die Haustür geöffnet wurde und die Hausfrau zum Mülleimer ging und wenn sie näher kam. Man nahm Rücksicht.

So kam die Zeit, wo meine zehn Filme vollgeknipst waren und ich doch trotz der Lodenjacke den Frost von Minus 7 Grad spürte. Kurz vorm Mittagessen zogen alle Rehe ab in den benachbarten Wald und taten sich an sonnigen Stellen nieder. Erst abends und nachts erschienen drei bis vier starke Hirsche. Ich saß im Schuppen bei Minus 10 Grad, hatte eine Kamera aufs Stativ gesetzt, mit einem weitreichenden Blitz versehen und sie mit meiner Hand in der Manteltasche verbunden.

Mit äußerster Vorsicht kamen drei Hirsche um 22 Uhr heran, äugten und witterten wohl die Anwesenheit eines Menschen. Den ersten, einen kapitalen mit weißen Geweihspitzen, ließ ich mit mir, der Kamera und ihm eine gerade Linie bilden, dann löste ich aus – in der tausendstel Sekunde des Blitzes erschien mir der Hirsch wie derjenige des Heiligen Franziskus – er flüchtete, Hunger hin, Hunger her – polternd und den Schnee aufwühlend mit seinen zwei Kollegen in den Wald zurück…

Zwei Geweihte gleichzeitig. „Er kommt hier pünktlich um 23 Uhr vorbei“, sagte der alte Förster, so lange ich hier wohne, „holt sich seine Salatblätter, schnabbelt sie auf und trabt weiter. Ich glaube, er ist älter als ich...“

Nun denn, Glaube schmerzt selten. Die Rede ist vom Achtzehnender Addi, der H.G. in der Schorfheide das Hinterteil zeigte und höhnisch röhrend = rufend davon eilte. Sein Herrchen hat sich ja selbst eleminiert, wie sollte er ihn da finden.“

Der alte Förster wühlte gerne im Vergänglichen, darüber vergaß er aber nicht, meine Angelegenheit zu fördern.

„Ich weiß nicht“, schwärmte er, „wer alles auf ihn geschossen und gefehlt hat – Sie als unblutiger Jäger werden ihn treffen.“

So ruhte ich nach dem Abendessen – Hirschgulasch mit Brandenburger Sandkartoffeln, dicker brauner Soße und als Beigabe selbst gepflückte eingemachte Preißelbeeren mit braunem Zucker drauf. Etwas zu trinken? Wein aus eigenem Garten – meine Zun-ge zog sich zusammen. Den einen Kilometer langen Weg zum Treffen mit Addi marschierte ich, denn ich konnte in einem Schirm sitzen – Schirm nennt man einen getarnten Ansitz auf dem Boden.

Es war in der Vorbrunftzeit, die weiblichen Tiere mit ihren diesjährigen Kälbern wanderten schon, die geschlechtsreifen Junghirsche ließen ihr noch nicht volltönendes Röhren vernehmen und fürchteten sich davor, von einem „alten Herrn“ attackiert zu werden. Ich benötigte kein Fernglas, hatte aber eine andere Waffe zur Hand: eine Infrarot-Kamera! Mit ihr konnte ich einfach, wie ich es wollte, gut sehen und Fotos in fremden Farben machen. Ob ich damit ankommen würde, war noch zweifelhaft.

Hirschhusten klingt anders als der menschliche, weil unsereins seltener Tiere, Rachenbremsen, eine der widerlichsten Stechfliegen, „im Rachen“ haben. Da husteten ein, zwei Hirsche, und ich konnte sie ins Visier nehmen. Ja, es stimmte, was mir der alte Jäger prophezeit hatte: Er kam schnurstracks auf mich zu, ein min-derer Hirsch folgte ihm – sein Sohn vielleicht. Meine Kamera, nicht so schwer wie ein 6x6-Spiegelreflex, zitterte, obwohl ich sie vorne Auflegen konnte. Sie löste so leise aus, dass ein Fuchs oder Dachs sie auch wohl überhört hätten, doch beide Hirsche hielten an, lauschten und verhofften = blieben misstrauisch stehen. Dann kehrten sie um und beeilten sich, aus dieser verdächtigen Landschaft herauszukommen. Ich konnte mit dieser Kamera die Fotos sofort beurteilen und machte mich heim.

Im ehemaligen Ostpreußen. „Wir dürfen wieder hinfahren“, sagte Heinrich der Alte, „kommste mit?“
Tat ich, jedoch ohne Heimweh, das nun viele Ehemalige – und das ist verständlich – zu entwickeln begannen. „Wisente in Ostpreußen fotografieren “, das war plötzlich der Wunsch vieler Amateurfotografen. Um nicht zu viel zu investieren, machten Heinrich und ich eine Gruppenreise von MS bis Alleinstein mit, das heute Olnstin heißen soll.

Die DDR existierte noch, und während wir an beiden Grenzen normal behandelt wurden, sahen wir, wie die Polen DDR-Bürger bei der Ausreise aus der DDR und bei der Einreise zu Polen maßlos filzten. Wir übernachteten in einem Hochhaus-Hotel am Rand der Stadt, das unten schon verfaulte, während oben noch gebaut wurde. Die Polen selbst waren gegen Westdeutsche sehr höflich und weinten mit ihnen beim Lied *„Land der dunklen Wälder“*. Andere waren auf Russland böse, weil es ihnen nicht ganz Ostpreußen inklusive Königsberg überlassen hatte – nun, wir wol-len hier nicht politisch werden!

Man hatte den Versuch gestartet, die Wisente in Masuren frei laufen zu lassen, „sie machen weniger kaputt und sind menschenfreundlicher als brunftige Rothirsche.“ Und siehe da: Dort kam uns einer auf einem Forstweg entgegen, blieb stehen und wir be-trachteten uns gegenseitig. „Wir haben nun vor uns“, zelebrierte der Reiseleiter, „ein Tier, das im

damaligen Germanien hohen Stellenwert besaß als tapferer Gegner und exzellenter Hochgenuss am Spieß und stückweise auf Holztellern."
„Und wie wurde es bejagt?", fragte ein Teilnehmer in grüner Joppe, „es hätte doch im Galopp fliehen oder seine Gegner auf die Hörner nehmen können."
„Diese Gegner", lautete die Antwort, „traten zu Dutzend auf und warfen ihre Lanzen und schossen ihre Pfeile in ihn hinein. Das hält der stärkste Bulle nicht aus. - Ja, so war früher die Jagd und ein erlegter Wisent füllte die Mägen einer Familie eine Woche lang."

Als es nun zu schneien anfing, tröstete ich mich mit dem Gedanken, die unscheinbar werdenden Fotos zu Hause technisch aufmöbeln zu können. Das gelang – oder nicht…? Es weckte aber den Wunsch: Unsere Wisente im Bayerischen Wald aufzusuchen.

Wisente im Gehege. Man merkt kaum, dass ein Zaun zwischen Mensch und Tier steht – und die Tiere kennen es nicht anders. Er behindert auch das Fotografieren nicht, weil er die Aufnahme selbst nicht stört und der Gegenzaun „dahinten" selten aufs Bild kommt, er zudem hinter Bewuchs verschwindet. Hier sind einmal Tiere zu beobachten, die sich um einen Schnurz den Menschen weder darbieten noch gefüttert werden dürfen. Ja, so zogen sie einmal durch Eurasien, und ehe Menschen sie mit Waffen angingen, fingen sie einige in Fallgruben oder trieben ganze Herden von Felsen in die Abgründe.

Meine Tochter, die mit von der Partie war, nannte sie „Schnaufer" und hätte sie gern mit Lakritzstangen gefüttert. Jetzt sahen wir Schwarzweißbilder vor uns, denn diese

braunen Burschen wirkten im Altschnee, wenn dieser nicht von der Sonne beschienen wird, nur schwarz.
„Warum lässt man sie nicht frei laufen?“, fragte meine Tochter.
„Möchtest du?“, fragte ich zurück, „dass wir auf der Autobahn plötzlich solch einen Koloss vorm Auto haben?“
Mochte sie nicht, und ich hatte ihr auch einmal erklärt, dass wir unser zahmes Vieh, Kühe, Bullen, Pferde und Schweine, auch in Gattern hielten.

Das Wort „Bulle“ schien ein Bulle auf sich bezogen zu haben. Er stapfte heran, muhte wütend, warf mit den Vorderläufen den Schnee auf, dass es bis zu uns am Zaun schneite, und glotzte. Tatsächlich: Diese dunklen Augen, die vor Zorn blinkeln konnten und doch mehr blinzelten…
„Ich nenne ihn Glotzer“, sagte meine Tochter, „und ich werde ihm, wenn ich groß bin, eine Brille verschreiben.“

Sie war stets Tieren gegenüber und half Marienkäfern, wenn sie auf dem Rücken lagen. Jetzt hörten wie ein Krachen und Bumsen: Zwei Bullen fochten um eine Stellung in der Herde, so dass „unser“ Bulle, wohl eine Art von Chef, sich ihnen zuwandte. Er trieb einem der Kämpfer seinen Kopf in die Seite, sagte „muh“ und warf ihn von rechts nach links und umgekehrt.
„Wenn sie sprechen könnten wie wir“, sagte meine Tochter, „brauchten sie nicht einen so dicken Kopf zu haben. Ich nenne ihn ab heute Dickkopf.“
„Hast du nicht auch manchmal einen?“, fragte meine Frau. Damit waren die Lehrstunden hier doch keine Leerstunden geblieben…

Steinböcke. Es gab noch andere Kopfarbeiter. Weil sie bei starkem Schneefall bergab den Nichtbergsteigern entgegenkommen, brauchte ich im Winter nur wenig zu steigen, meist Seilbahnfahren, bis ich mit ihnen auf gleicher Höhe war. Es galt anno Tobak, vor einigen Jahrhunderten also, als Mutprobe, sie in steile Feldpartien treiben zu lassen, damit „Seine Hoheit der Kaiser...“, etc., sie von dort hinabstoßen konnte. Diese Jagdmethode half mit, sie bis zur Fast-Ausrottung kommen zulassen – (natürlich sind hier nicht die Kaiser und Könige gemeint – sie zu stürzen ist keine Heldentat.)

Es aperte schon an den Südhängen. Bald würden die Steinböcke höher, dem wachsende Gras nachziehen. Ich war einem Rudel Steinböcke im Gran Paradiso schon auf 100 Luftlinie nahe gekommen, doch zwischen mir und ihnen befand sich eine Schlucht, die ich überwinden musste. Die nicht scheuen Tiere schauten mich auffordernd an – „komm rauf!“ – hieß das wohl, und ich gehorchte und kletterte abwärts. Unten angekommen schaute ich konsterniert nach oben auf die andere Seite – wie, wenn die Tiere nicht mehr dort waren, wohin ich jetzt musste und wollte?

Doch ich stellte erleichtert fest, dass ein alter Sennerpfad nach oben führte und gut gangbar war. Eine Stunde noch, dann hatte ich sie nahe vor mir, diese listigen Steinböcke. Hier im Fels, wo die Sonne reichlich am Tag schien, gab es dreierlei Enziane und auch einige Edelweiße konnte ich ausmachen. Nach zwei Stunden hörte ich Husten und Hörnerklappern und machte meine Kameras schussbereit. Ein Bock trat einen Stein los, der mir entgegen kam – volle Deckung! Entgegen kam mir auch eine Mutter mit vorjährigen Böcklein, das sogar voran trabte und direkt vor mir stehenblieb, die Mutter hielt an und senkte den Kopf mit dem geringen Gehörn. Artig drückte ich mich an eine Felsnische und ließ ihnen den Vortritt nach unten – klar, dass solche Szenen nur möglich waren, weil dieses Wild nicht mehr beschossen wurde.

So kam ich oben endlich an und gesellte mich den Steinböcken zu, aß und trank und genoss dann die Perspektive, einer von ihnen zu sein. Ehe ich voll ans Fotografieren ging, sah ich mich um und fand einen Bergpfad, der geradewegs ins Tal führte. Ich hatte nicht vor, ohne Taschenlampe in der Dunkelheit abzusteigen, und so sahen mich diese Tiere nach einer Stunde nur noch von hinten – da hatten es sich einige von ihnen bereits zum Schlafen niedergelegt…

„Ein Kampf und leckeres Essen“. Am nächsten Tag fuhr ich zu einer Hütte hinauf, um von dort zu schauen und halbzahme Alpendohlen und Alpenkrähen zu fotografieren, auch Murmeltiere, die sich gern an Alpenhäuser heranziehen. Auf einem Minigletscher, der sich vom Berg bis vors Haus heranschob, fochten zwei junge Steinböcke ihre Rangstel-lung hier aus. Oder war‘s nur ein Schaukampf? Es krachte gewaltig, wenn sie sich auf die Hinterläufe erhoben und ihre gebogenen Hörner aufeinander prallen ließen. Das klang natürlich lauter, als es wehtun konnte, aber die Gehirne mussten gut gelagert sein, dass ihnen außer Kopfbrummen nichts weiteres pas-sierte.

Hier, im freien Freien, wurde ich von den Wirtsleuten vom klassischen deutschen Mittagsgericht überrascht:

Frankfurter Würstchen in Kugelform, Kartoffelsalat und als Nachtisch grüne Götterspeise, auch Wackelpudding genannt, dieser verziert mit einem süßen Minihamburger. Ich revanchierte mich mit einem Dutzend guter Fotos ihres Anwesens und ihrer Kinder, so wie ihres Personals, inklusive zwei leckerer Madels in Bayernkluft, Bilder, die ich nicht nur verprach, sondern auch schickte.

Als ich, nach dem Abschied schon, noch einmal das Haus nebst Garten, mit der Kamera bewaffnet, umrundete, sah ich sie alle in der warmen Sonne sitzen – Tiere, die ich in diesem Buch nicht bringen kann: Blindschleichen, Ringelnattern, Mauer-, Zaun- und Smaragdeidechsen, unter den Steinen Feuer- und Alpensalamander, Geburtshelfer- und Erdkröten und seltene Schmetterlinge wie Apollofalter. Die den Reptilien und Kriechtieren Zustehende Nahrung kroch und flog überall herum: Andere bei und selten ge-wordene Schmetterlinge, Hirschkäfer, Heuschrecken, Schnaken , Grillen, auch die große Maulwufsgrille und Zikaden, die in unseren Breiten so gut wie ausgestorben sind.

Hierhin, beschloss ich ernsthaft, werde ich im nächsten Jahr zurückkommen. Dieses Haus und diese famosen Südtiroler Leute sind mehr wert als nur einen Besuch. Sie weinten fast und überließen mir einen kompletten Tiroler Schinken mit drei Flaschen Alpenländer Wein – der Gott der Fotografen verzeihe mir, dass ich dort wegen nicht zu berichtender Gründe nie wieder auftauchte...

Nicht immer eine Idylle. Es soll Jäger und Naturfotografen geben, die hocken winters am liebsten – wie ihre Großeltern früher – am Herd und strecken die Füße in den

Backofen; dabei ist früher, wie ich weiß, ein Opa eingeschlafen und seine Füße mitsamt wollenen Strümpfen sind gegart worden – jedenfalls waren seine Hühneraugen bis auf kleine rote Pickel eingeschmolzen.

Heute gibt es Ausrüstung und Kleider, in denen man lange Zeit im Freien verbringen kann, und dann zu Hause: Da ist geheizt und warme Getränke stehen zur Verfügung. Ich erinnere mich an einen Fotoansitz im Wiehengebirge, wo ich beinahe erfroren wäre – hätte mich nicht die Erinnerung daran, dass Müdigkeit bei Kälte der Anfang vom Ende sein kann, gerettet. Der Standard-Käfer wurde damals ohne Heizung geliefert – die Mehrkosten für „inklusive Heizung" hatte ich sparen wollen. Als ich mich vom Ansitz an einem Bach erhob, um zum Auto zu gehen, versagten Beine und Füße beinahe ihren Dienst, und nur das Stapfen durch den tiefen Schnee brachte wieder Leben in sie. Da ließ ich alles beim Auto liegen und machte einen Dauerlauf 100 Meter hin und zurück und konnte nun das Auto beherrschen…

Als erstes in der folgenden Woche sah ich zu Hause auf unserer Bank einen Tannenhäher und bedauerte ihn, während ich hinter der Scheibe fotografierte: Da ist er nun aus den Weiten von Taiga oder Tundra in wärmere Gegend geflogen und findet hier kein Futter. Ich streute ihm hartes Weißbrot, das er wohl für Nüsse hält und mit seinem Schnabel knacken kann.

Am meisten war ich im Winter mit dem Auto unterwegs und spähte nach Motiven aus, die normale Spaziergänger übersahen. So ging es mit dem Trupp Rebhühner, die Mühe genug hatten. sich aus der Schneelage etwas Essbares zu scharren. So mobilisierte ich den Bauern, mit seinem Traktor eine komplette Wiese freizumachen - „sie danken‘s Ihnen mit dem Verzehr von Schädlingen“, fügte ich hinzu. Mit dem Bild, „Rotwild beim Aufstieg zur Fütterung“ hatte ich Glück: Nur einmal am Vormittag stiegen sie hier hinauf.

Das Foto „Reh im Frühlingswald“ wurde unverhofft ein Winterbild, weil Anfang April ein nächtlicher Schneesturm durchs Revier pfiff. Auch das Reh darunter wurde vom Schnee überrascht und suchte ein Dickicht auf. Die Gänse in den Rieselfeldern stammen aus dem Norden und kennen jede Art des Winters. In Not geriet auch nicht der Anfang April schon brütende Kiebitz – wenn ihn nicht Störungen und Fressfeinde von den Eiern vertrieben: Bei der Kälte sterben die Eier in einer Stunde ab. Der Bock im Bast glaubte sich hinter einem Schneehügel sicher vor meiner Kamera – ich aber hatte mich auf den Knien angerobbt und erwischte ihn. Der Luchs im Gehege des Bayerischen Waldes ließ sich einschneien, bis der letzte neugierige Tourist sein Revier verlassen hatte.

„Jemand geht an unsere Flaschen auf dem Balkon.“ Behauptete mein Hauswirt, dessen Ferienwohnung ich gemietet hatte. „Die Korken sind angeknabbert und die Flaschen umgeworfen.“
Es war Mitte April, die ersten Blätter grünten und doch war Schneegeriesel angesagt. Ich blieb im warmen Zimmer sitzen und nahm die Batterie der Getränke in den Vordergrund des Bildes, nicht ohne zu vergessen, dass sich in der unmittelbaren Nähe des Balkons ein Baum befand. Und tatsächlich: Ihn benutzte der Baum- oder Edelmarder, um auf den Balkon zu kommen. Eine Reihe von Blitzen und Aufnahmen vertrieb ihn auf immer – mag er seinen Durst im Schnee löschen!

Da ist der Tannenhäher von weit gekommen - um dem Winter zu entgehen!

Oben: Rebhühner auf verschneitem Feld

Unten: Rotwild zieht hangauf zur Fütterung.

Ein Luchs des Bayerischen Waldes im Schneesturm.

Ein Rehbock hat kaum Sicht beim Schneefall.

Oben: Wildgänsen aus dem Norden schreckt unser Winter nicht.

Unten: Der brütende Kiebitz ist vom April-Schnee überrascht-
siehe Text!

„Ohm Krüger“ - in Stein
gehauen für die Ewigkeit!
In Afrika

Die Löwin sieht den Autor an und scheint einzuschätzen, wie schmeckt er wohl? Siehe Text!

Noch hält dieser mächtige Elefantenbulle still-
siehe Text!

Elefanten treten selten allein auf.

Diese Nähe ist bereits gefährlich – siehe Text!

Ein mächtiger Bulle vorm Kilimanscharo

Zwei Szenen aus der Serengeti

Des Autors erste Nachtaufnahme in Kenia, eine Ginsterkatze.

Eines der flinksten und schönsten Friedtiere in Afrika: das Impala!

Der afrikanische Schreiseeadler vorm Kilimanscharo.

Ein Kudu vor der Nachtsichtkamera.

Der Gorillaboss kümmert sich kaum um Besucher

Oben: Die Virundaberge Unten: Schlafender Gorillaboss

Oben: Einheimisches Wandgemälde „Gorillas“

Unten: Ruhe nach der Wanderung – der Autor und seine Tochter sind mit dabei.

„Wer hat Vorfahrt im Krüger-Park?" Immer die Tiere!
Oben: Elefantenkuh mit zwei Jungen.

Unten: Löwen lungern gern an Straßen herum.

Hier ist die Vorfahrt klar. Oben für ein Gnu,

unten für Mama Nashorn und ihr Kind.

Vorsicht vor „Spitzbuben!
Oben Paviane

und unten ein Hornrabe.

Eierklauer – siehe Text: Eine Eierschlange hat ein Ei geklaut – man wird ihr den Kopf abhacken und das Ei herausholen.

Bei den Gorilla-Führungen kommt es oft zu „engen“ Beziehungen zwischen Mensch und Tier – der Abstand sollte aber nicht zu eng werden, weil es dann zu Infektionen kommen kann.

Das Maul zu voll nehmen! Siehe Text!

Auch diese Eierschlange konnte nicht ins Gehölz entkommen… Siehe Text!

Hier kocht das Essen Tom Buktus, der den Autor nicht einlud – siehe Text!

Ein wollhaariges Mammut in der Tundra. Unten rechts der Fuß eines heutigen Elefanten – so werden auch die Neandertaler ihn behandelt haben: Alles seines gewaltigen Körpers war zu gebrauchen.

Ein langhaariges Mammut in nordischer Winternacht

Das Mammut in modernen und antiken (unten) Zeichnungen

Oben: Ein Wisent oder Büffel ist zur Strecke gebracht und wird nun zerteilt.

Unten: Eine Anakonda macht sich über ein Gelege von Vögeln her. Sie war dann für Frühmenschen eine fette Beute.

Oben: „Vom Affen zum Menschen“ - nur der Mensch geht „echt“ aufrecht.

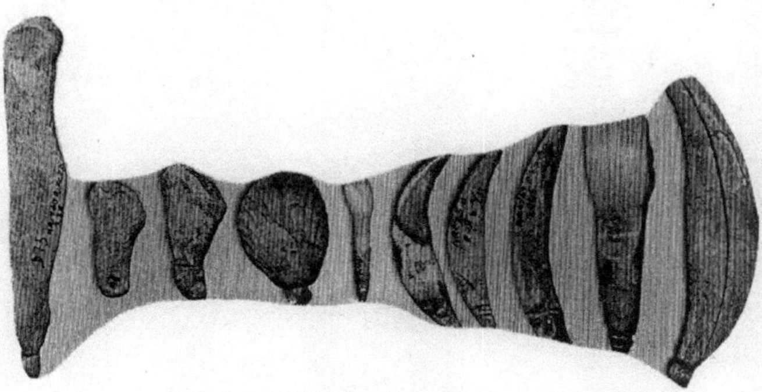

Unten: Allerlei Werkzeuge aus Stein und Holz

Oben: Eine Neandertaler Familie lagert im freien Gelände am Lagerfeuer.

Unten: Neandertaler Männer versuchen einen Bären umzubringen – das war ein richtiger Nahkampf.

„Ein Jäger aus Kurpfalz,
der reitet durch den grünen Wald.
Der schießt sein Wild daher,
gleich wie es ihm gefällt."

Der Sieger

Dieser Begriff ist natürlich für jedes Mitglied meiner Leserschaft „ein Begriff." Die Welt ist voll von Siegern und Verlierern! Zu den Erstgenannten zählte plötzlich Manfred Baron von Glanewitz. Wieso plötzlich? Weil er in Schweden einen starken Elchbullen erlegt hatte, auf den entweder andere Schützen gefehlt hatten oder gar nicht zu Schuss gekommen waren. Er zeigte mir das Foto des kapitalen erlegten Schauflers.

„Ihre Fantasie ist mir bekannt", behauptete Manfred, genannt Manni, „und bei Ihnen möchte ich ein Siegerbild bestellen mit dem Elch im Vorder- und einem bekannten Sieger im Hintergrund."

Ich verkniff mir das Wort „absurd" und überlegte. In einem Blitzgedanken hatte ich die Lösung: Sie lag, nein, sie hing dort an der Wand!

„Wen", fragte ich Manfred, „rechnen Sie als den bekanntesten Germanen oder Deutschen in der Antike?". Er zögerte, gab dann aber zu erkennen, dass er Siegfried von Xanten dafür ansehe.

„Der ist eine Sagengestalt", warf ich ein.

„Nun", antwortete er, „dann Arminius, der da ja hinter Ihnen an der Wand hängt."

„Volltreffer!"

Und so wurde es gemacht: Manfred gab mir ein Foto des erlegten Elchs und sagte zu, „Sie haben freie Hand." Demnach vergoldete ich den Elch, versilberte das Bauwerk und Hermann auch, fügte ein wenig grün ein und färbte den Himmel blau, weil, wie ich mir sagen ließ, er meistens so aussieht. Manfred ließ das Bild, das hier ja nur in Buchgröße erscheinen kann, reproduzieren und in einem Meter

Größe auf Leinen drucken – so hängt es bei ihm zu Hause hoffentlich noch hundert Jahre.

Das Murmeltier. Nach dem verlorenen Ersten Weltkrieg verloren zwar die Adeligen ihre Titel Graf, Baron und so weiter, aber nicht ihr „von". So wurden, zum Beispiel, diese beiden Titel Teil des Namens. Also: Statt Prinz Louis Ferdinand von Preußen nun Louis Ferdinand Prinz von Preußen. So ging es auch Herrn von Zeppelin, der nun kein Graf mehr war. Ich verehre ihn nicht, wie manche Leser glauben könnten, bis ihm aber nachträglich dankbar, dass er mir zu meinen ersten Murmeltierfotos verhalf.

Das kam so. Nach mühevollem Aufstieg über 99 Kehren war ich auf der Rohrmooser Alpe, „wo ganze Murmeltiervölker" leben, angekommen. Nach einer Übersicht – kein Tier war zu sehen – beschloss ich, mich hinter einem Felsstein zu verbergen, mit diesem sozusagen eins zu werden, und doch dort die schwere Kamera mit dem 500er-Tele auflegen zu können.

War ich zu früh aufgestiegen? War es noch zu frisch für die sonnenhungrigen Murmels? Hier und da sah ich einen Kopf zwischen den Steinen, dessen Augen sich für nichts zu interessieren schien. Leichtes, ganz fernes Gebrumm lag überm Tal. Erst als es über Oberstdorf nach Tiefenbach zu eilen schien und nun über Rohrmoos nahte – natürlich deutlich höher als die Berge – wusste ich, was da flog: ein Zeppelin. „Der macht mir", sagte ich laut und wütend, „den ganzen Ansitz hier zunichte! Wenn die Tiere ihn sehen, werden sie ihn für einen Greif halten und sich in ihre Höhlen zurückziehen."

„Gut, doch falsch gedacht!"

Da kam einer aus dem Tal herauf und begann, nur wenige hundert Meter über die Alpe zu kreisen. Sofort gingen alle Murmelis in eine bewunderungswerte Habachtstellung über, eines nach dem anderen ein, zwei Zentimeter höher. Fünf Meter vor mir, von der Sonne sanft beschienen, stand eines still wie ein Büßer – sagen wir lieber Stehaufmännchen – und drehte nur seinen Ramskopf dem Zeppelin nach. Es hatte sich vor lauter Spannung weder gekratzt noch gelaust und auch seine vielen Kinder, Haupt- und Nebenfrauen weder beachtet noch sonstwie Kenntnis von ihnen genommen, auch das gesunde blumenreiche Gras nicht gegessen.

Ich hatte im Eifer des Gefechts beinahe vergessen, dass ich eine Nahkamera mit im Gepäck hatte. Diese Kramte ich nun heraus, stellte sie auf einen Meter ein und versuchte mich ihm entsprechen kriechend anzunähern. Ein gellender Pfiff – die ganze Sippschaft flitzte in ihre Baue! Ich verabschiedete mich, weil ich gegen Mittag noch Gämsen an der Tränke fotografieren wollte…

An der Nordseeküste

Diese Region und Fauna an ihr haben wir bisher beinahe sträflich vernachlässigt. Als ich dort aus familiären Gründen fotografisch tätig wurde, gab es noch die Jagd auf Seehunde, deren Fleisch, Fett und Fell seit Jahrhunderten die grundlegende Ernährung und Kleidung der Bevölkerung repräsentierte. Diese lag im endlosen Kampf mit dem Meer, seinen Fluten und seinem Sturmwind. Ich lernte einen ehemaligen Seemann kennen, der früher Jagdführer der nördlichen Prominenz war und ein eigenes Motorboot besaß.

„Willste mit, haste schon mal Seehunde geknipst?“
Ich sagte ja und nein und weil Jan Piepenstock für morgen sonniges windstilles Wetter prophezeite, gingen wir bei Ebbe vor Wangerooge auf kleine Fahrt. Das Boot war ziemlich hochbordig, und war von Jan auf einer Seite mit Segeltuch noch abgedeckt worden und mit einem Guckloch so präpariert worden, dass ich zwar alles beobachten, aber nur die Hasselblad mit dem langen Tele vom Tier gesehen werden konnte.
„Früher“, sagte Jan, „waren die Tiere viel scheuer, heute haben sie mitbekommen, dass kaum noch geschossen wird.“

Da waren wir kurz vor der trocken gefallenen Sandbank, auf der die Seehunde ihre ausgekühlten Körper der Sonne darboten und sich genüsslich räkelten. Jan ließ das Boot langsam bei gedrosseltem Gas um die Sandbank gleiten, bis ich, bei günstigem Licht, das Zeichen zum Anhalten gab. Vor mir lag „zum Streicheln nah“, ein ausgewachsener Seehund und füllte den 6x6-Sucher der Kamera vollkommen aus. Gewiss hörte er den Verschluss klicken und das Rasseln zum Filmtransport – es störte ihn nicht. So konnte ich dieses Portrait machen, das bis heute in meinem Besitz ist. Und Jan hat ein Großbild über seinem Bett hängen, „statt schläfriger himmlischer Engelchen“. Während der Abfahrt machte ich noch ein paar Grüppchen- und Gruppenfotos.

Ich lernte am nächsten Tag einen Profi kennen, der gewagter zur Sache ging. Er ließ sich mit Beginn der Ebbe auf der Sandbank absetzen, verkleidete sich dort zum Seehund

und machte „unter ihnen“, die bald kamen, die fantastischten Bilder der Welt. Die Schwachstelle seines Systems war der Fischer, der ihn vorm Beginn der Flut wieder abzuholen hatte – wollte er nicht ertrinken. Solch riskante Sachen habe ich nie gemacht…

Noch einmal Langeoog. Herr Falke von der Meierei am Ostende der Insel lud mich ein: Seehunde, Robben, Junghasen, Gänse, Enten, Kormorane, Brachvögel, Uferschnepfen, Seeschwalben, Sumpfohreulen und anderes Gevögel zu fotografieren und gegen „frei Essen und Schlafen 20 der schönsten Fotos für die Dekoration seiner neuen Ferienwohnungen zu verrechnen“ - ein gutes Angebot. Ich erinnerte mich der vielen Hasen der Insel und nahm deswegen auch an, weil ich noch nie einen wenige Stunden jungen Hasen gefunden und fotografiert hatte. Ich würde die Heide der Insel umkrempeln… „Setz dich besser auf einen Punkt der Insel an, wo du mit dem Fernglas die ganzen Flächen ableuchten kannst und jede Hasenmutter siehst, die drei- bis viermal am Tag ihr Junges aufsucht, um es zu stillen.“ Ein guter Rat, der zum Erfolg führte.

Ein Junghase ist der Prototyp der Kindlichkeit im Tierreich, von Kitzen des Rehwildes vielleicht noch überholt. Hier, in den Dünentälern, war das Heidekraut so hoch, dass ein Hase, zum Beispiel eine Hasenmutter, die ihr Kind aufsuchte, bei geducktem Lauf kaum zu sehen war. Ich hockte jedoch auf einer überhöhten Düne und die Häsin selbst verriet sich, indem sie sichernd alle zehn Meter stehenblieb und ihr Männchen machte. Eine Verständigung zwischen Mutter und Kind, etwa durch Rufe, gibt es nicht.

Schon hatte ich drei Häsinnen erfolglos beobachtet, als eine vierte in meine Richtung hoppelte. Sie kam näher und beachtete mich wohl nicht, auf jeden Fall blieb sie hinter einem Schlehenbusch plötzlich verborgen und ich meinte, ohne sie im Glas beobachten zu können, sich bewegende Sträucher zu sehen. Nun, da hieß es abzuwarten. Nach einer Viertelstunde trabte die Häsin, zwischendurch ihren Unterbauch beleckend, in gemächlichem Tempo vondannen. Ich ging zur Stelle und fand das Junge unbeweglich am Boden hockend vor, nur seine kleine rosa Zunge leckte das Mäulchen.

Es war eine Woche alt und hätte vor mir, als ich mich niederbückte, flüchten können – doch die Evolution sah so etwas nicht vor. Ich machte erst so genannte Luftaufnahmen, also senkrecht und schräg von oben, dann seitliche, dann stellte ich die Kamera aufs Stativ, schaltete den Selbstauslöser zu und kniete mich in zehn Sekunden hin, das Häschen in der offenen Hand – klick, drei Fotos hintereinander waren im Kasten. Dieses Jungtier hat bisher nichts anderes gelernt: Stillhalten, sich-nicht-regen. Aber instinktiv kuschelte es sich in meine Hand und hielt ganz still, sogar den Atem hielt es an, als ich es streichelte – hier streicheln? Ja, ich konnte nicht anders, als es zu liebkosen!

Die wilden Schweine

Sie heißen wissenschaftlich *Sus scrofa* und sind von mir hier sehr stiefmütterlich behandelt worden. Unsere Hausschweine sind mit ihnen so nah verwandt, dass sie sich paaren können. Seit jeher bejagt der Mensch Wildschweine und isst sie in jeglicher Form – nicht erfasst sind die Opfer der Trichinen, die in dieser Tierart vorkommen – ob das so

ist, kann heute in der Trichinenschau, die ein Metzger durchzuführen hat und Pflicht ist, festgestellt werden.
„Ich habe“, sagte der Davert-Förster am Telefon, „eine Fütterung für Wildschweine eingerichtet, damit das Wild nicht so viel die Kartoffelfelder der Landwirte besucht.“

Nichts wie hin – natürlich. Im Winter vorher hatte dieser Förster, der mir sehr gewogen war, schon einmal Wildschweine angefüttert, als hoher Schnee lag. Da war mir ein so starker Keiler = männliches Wildschwein von vorne in die Fotofalle getappst, dass ich glaubte, er habe die Kamera absichtlich gerammt – er hatte sie wohl in der Flucht nach vorne umgestoßen! Wenig später erwischte ich im Venner Moor eine Bache = das Weibchen mit Frischlingen = Ferkel, und fotografierte sie aus der Hand.

Dann ließ ich mich von der Meldung „Wildschweine auf den Externsteinen“ dazu hinreißen, dieses Naturdenkmal bei Detmold aufzusuchen. Vielleicht war ein Druckfehler unterlaufen und es hatte statt „auf“ „bei“ heißen sollen. So war‘s dann auch, aber um den Witz auf die Spitze zu nehmen, verpflanzte ich malerisch einen Keiler auf einen Felsen, während die Bache vor ihm graste.

Die meisten Menschen erleben nie eine Begegnung mit dem Schwarzwild – wie Wildschweine auch genannt werden. Sie gehen lieber in ein Wildgehege, zum Beispiel das im Bayerischen Wald. Dort erlebte ich die Attacke einer führenden Bache auf einen Naturfotografen. Eine starke Rotte dieser so genannten Schwarzkittel war soeben gefüttert worden und machte sich unter Streitereien über Kartoffeln, Kastanien, Mais, Äpfel und Rüben her und die Zuschauer spürten unwillkürlich, dass man Abstand halten sollte. Der Fotograf machte sich klein – bei aggressiven Tieren immer ein Fehler – ging in die Hocke, um eine bessere Perspektive zu haben. Das nutzte ein Mutterschwein mit 6 bis 8 Frischlingen, ihn zurechtzuweisen: In vollem „Galopp“ rannte sie ihn über den Haufen, stieß mit der Schnauze noch einmal nach und warf ihn samt Stativ und Kamera in die Luft. Beim Aufprall blieb er liegen, so dass ein Rettungswagen gerufen werden musste. Er sah nicht gut aus, als man ihn einlud...

Ein „auswärtiger“ Keiler musste sein Leben lassen, kurz nachdem er Hausschwein Susi mit seiner Erbmasse bedacht hatte. Er war schon einmal bei Bauer A. H., kurz August genannt, im Stall gewesen und hatte ihr 6 entzückende Frischlinge/Ferkel vermacht, die an Nachbarn verkauft wurden – doch diese Schweineliebe war eine verborgene gewesen.

August und Anton, der Jagdpächter, kurz Toni genannt, horchten auf. Sie standen auf dem Hof und vernahmen ungewöhnliche Liebeslaute aus dem Schweinestall: lüsternes Gequieke, aufforderndes Grunzen und Stöhnen, dass sogar Hofhund Nelli das Heulen kriegte und wütend in den Stall fuhr. Von dort wurde er im hohen Bogen hinausbefördert, dass er aufs Pflaster fiel und seine Wunden beleckte. Toni wusste sofort, was los war und machte sein Gewehr schussbereit. Da kam der Keiler, wie viele Liebhaber *in flagranti* ertappt und der aus Erfahrung wusste, „wo ein Hund auftaucht, ist ein Jäger nicht weit“, aus der Stalltür gefetzt, „als hätte er eine Rakete im Hintern“, rannte August über den Haufen und wollte natürlich nichts anderes als im nahen Buschwald entkommen – er hatte das Pech, dass Toni anwesend war,

Dieser ließ allen Jagdanstand fahren und versetzte dem Keiler „einen Kugelschuss in den Arsch“, dass er kopfheister sich ein paarmal überschlug, stolperte, sich noch einmal kugelte und dann tot umfiel. Der Bauer dachte schon an Susis Mischlingkinder und sagte: „Das Fleisch von Ebern und Keilern mögen nicht einmal jene armen Schlucker essen, die jetzt von den Städten aufs Land strömen, ich werd‘s dem Zoo anbieten für seine Raubvögel und Aasfresser.“

Susi gebar nach geraumer Zeit die schon erwähnten Kinder, Männchen und Weibchen halbe-halbe. Diese drei wurden kastriert, damit essbar gemacht und fanden reißenden Absatz zu hohen Preisen.

„Allerlei am Weg ich fand...“

Diese kurze Zeile aus einem Hermann-Löns-Gedicht bestimmte eine Zeitlang meinen Werdegang. Dass es sich dabei größtenteils um Kleintiere handelte – von der Blattlaus bis zum Marien- und Goliathkäfer – ist verständlich. Doch dann geschahen folgende Zusammenhänge: 1.) Während ich wartete, bis ein Käfer endlich abflog, stand eine Ricke in voller Lebensgröße vor mir und querte den Waldweg – meine am Boden gehaltene Kleinkamera fasste sie sie formatfüllend. 2.) Als ich mich niederkniete, um eine Mooreidechse aufs Bild zu bringen, glaubte ich das Fernglas nehmen zu müssen, um ein fernes Bild zu beobachten: Da stand ein Damschaufler im Vordergrund am Fließbach, und hinter ihm – von mir aus gesehen – ein Rehbock im

Wollgras. Das Bild habe ich später zusammenkomponiert. 3.) In den Alpen auf der Suche nach einem dekorativ stehenden Edelweiß sah ich am Gipfel sowohl einen Steinbock als auch einen Mufflonwidder. Erst die Aufnahme bestätigte mir, dass ich nicht an Halluzinationen litt. 4.) Das war aber der Fall, als ich aus einem kurzen Schlaf „oben" erwachte: Ich sah sowohl Pegasus am Himmel als auch Minotaurus im Berg! 5.) Auf einer Bundesstraße lauerte ich etwas seitlich, um Wild aufs Bild zu bekommen, das trotz regen Verkehrs kreuzen wollte. Da stand ein Schmalreh so vor meiner Kamera, dass ich es samt Straßenzug dekorativ ablichten konnte. 6.) Einen Impala- und einen Rehbock auf einer Bildseite? Ja, denn sie glichen sich, auch als der eine döste, in Schönheit und Eleganz der Schöpfung. 7.) Das gelang nicht ganz beim schottischen Damschaufler nebst „Tier" im Hintergrund und einem ziemlich dösig aussehenden Elchschaufler. 8.) Diesen glaubte ich am nächsten Tag in der Ebene wiederzuerkennen, wie er einer Elchdame nachstieg. 9.) Die Massenversammlung von Steinböcken in Schottland konnte ich nur fotografieren, weil ich meine Aufmerksamtkeit zwei spielenden Fischottern entzog. 10.) den vor der untergehenden Sonne posierenden Rothirsch musste ich „nachmalen", denn weniger als eine Sekunde stand er vor mir.11.) Genauso ging es mir mit dem mich anpirschenden Allgäuer Hirsch. 12.) Und die beiden Wölfe im Nationalpark Bayerischer Wald? Da war ich eingeschlafen und sah in der Dämmerung die Wölfe auf einem Felsen stehen.13.) Ein Rehbock mit unendlich langen Spießen betrachtete mich, während ich die beiden prächtigen Hirsche vorm verunzierten Abendhimmel fotografierte. 14.) Ich setzte meine Versuche mit der Infrarot-Kamera fort und wusste, dass ich die Bilder später bearbeiten müsste. Beim unteren der drei Bilder hatte mir der Jagdbesitzer verboten, „in meinem Revier Blitzlicht zu benutzen“! 15.) Als ich am anderen Morgen den Garten meines Vermieters betrat, huschte ein Reh vor mir aus dem Garten – gut, wenn man immer eine Kamera zur Hand hat…

Ein netter kleiner Bursche.

„Ich glaube, ich habe Waschbären im Revier.“

Ich glaubte, dies sollte eine Klage sein, und wurde interessiert.

„Wenn Sie eine Woche Zeit haben“, klagte der Jagdinhaber aus Hessen weiter, „können Sie bei mir wohnen und das Revier für mich erkunden.“

Ich klagte nicht und stimmte zu. Waschbären in freier Wildbahn hatte ich noch nicht fotografiert.

Einen Tag später saß ich auf meinem Jagdstuhl, war etwas getarnt und wartete der Dinge, die kommen könnten. Vor mir stand eine alte Fichte, die gewiss beim nächsten Sturm fallen würde, weil sie in Mannshöhe „ein Eingangstor“ besaß, das irgendein Höhlenbewohner (*Troglodyte)* ihr geschlagen hatte und nun wohl in ihm hauste – ein Waschbär vielleicht?

Mein Gastgeber hatte sich nach Süddeutschland zu einer Tagung abgesetzt – wie er sagte, was aber „gekrückt“, also gelogen war: Er überwachte mich vom nahen Waldhaus her. Ich setzte mich nun so um, dass ich seinem Blick aufs Baumloch die Sicht versperrte. Nicht lange, dann hörte ich Gekratze am Baumstamm, und siehe da: Ein ausgewachsener Waschbär hangelte sich von oben her dem Loch zu. Als er mich entdeckte, hielt er und starrte mich bis zu meinem Weggehen unverwandt, ohne einen Mucks von sich zu geben, mit großen Augen an.

Sein Klettern am Baum hatte die Jungen innen wohl aufgeweckt, jedenfalls wagte sich das mutigste in den Ausguck und blickte mich ebenso wie seine Mutter an. Ich „knallte“ ihm das Blitzlicht ins hübsche Gesicht und wartete eine halbe Stunde, ob er von innen nach außen gestoßen würde, doch er schien ein Einzelkind zu sein. Um die Sache zu beschleunigen, denn ein Regenschauer war im Anzug, opferte ich mein erstes Abendessen und breitete es vorsichtig auf einem Brettchen vor ihm aus: vier halbe Eier, auf der Schnittstelle angebraten und gewürzt mit Senfsoße. Als ich wieder ruhig saß und die Kamera neu ausgerichtet hatte, ließ das Junge sich vorsichtig zu Boden gleiten und machte sich dermaßen über mein Abendbrot her, als wenn es noch nie feste Nahrung zu sich genommen hätte – Mama schaute von oben her zu. (Ich habe bei beginnendem Regen nicht sehen können, ob ihr das Wasser im Mäulchen zusammenlief). Dann packte ich ein, ging am Haus grußlos vorbei und erreichte mein Auto. Dieser Jagdherr wartet noch heute auf meinen Bericht und seine Bilder…

Der Radieschen-Fasan. „Ich glaube“, sagte Opa, „jemand klaut unsere Radieschen und reißt dabei die Hälfte aus dem Boden. Wo Oma und ich sie doch so sehr mögen – seitdem die Krankenkasse ihre Prothesen bewilligt hat.“
Na, wenn das keine böse Tat war, dann gab‘s hier keine.
„Kannst du den Täter nicht fotografieren?“
Konnte ich und wollte ich und tat es auch. Die genaue Begutachtung des Tatortes im Garten ergab, dass irgendein

Wühler wie Maulwurf, Ratte, Kaninchen oder der Hofhund es nicht waren, Radieschen überhaupt nicht zu ihrem bevorzugten Essen zu zählen waren, und als ich einen Hahnentritt nachzeichnen konnte, wollte ich auch den Hofhahn nicht dem Täterkreis zurechnen: Er war ein braver und mutiger Verteidiger seines Hennenharems und aß Rübenartiges nur gschnetzelt. Also ein Vogel von draußen – ein Fasan? Zu einer allgemeinen Umfrage „Essen Fasane Radieschen?", blieb keine Zeit. Aber meine neue Fotofalle hier zu erproben, wohl.

Doch die Sache hatte einen Haken: Fasane sind keine Nachttiere und schlafen auf Bäumen! Doch jetzt im Sommer sind die Abende lang und die Nächte kurz – niemand, auch ich nicht, hatte Lust und Laune, nachts Wache zu schieben bis in den frühen Morgen hinein. Noch vorm Dunkelwerden war die Ausrüstung installiert und alle gingen zu Bett. Ich hatte vorher als Lockmittel einige Radieschen, die angenehm rot leuchteten, ein Stück aus dem Boden gezogen, um dem Dieb die Arbeit zu erleichtern.

Es war ein Dieb, der fliegen konnte: Tatsächlich ein stolzer Fasanenhahn in allen Balzfarben leuchtend und vermutlich derjenige, den man tagsüber „krähen" hören konnte. Ich habe das Bild nachträglich farbig aufgemotzt, weil es mir leicht überbelichtet vorkam. Vermutlich ist dieser Hahn, der seine Tat nicht wiederholte – vielleicht weil ein Blitzlicht in stockdunkler Nacht bei einigen Tieren einen nachhaltigen Eindruck hinterlässt. Wenn er Pech hatte, ist er bei der Großen Treibjagd im Herbst ein Opfer von Schroten geworden...

Wie jagten „sie“ damals und früher?

Wir wollen jetzt, wo dieses Buch sich dem Ende zuneigt, in einer kurzen Abhandlung diese Frage beantworten. Wir können weder die Entwicklung der Waffen noch die Jagd als Faktor und Antreiber der Wirtschaft und in seiner sozialen Stellung näher behandeln. Wie schnell alles gegangen ist: Kaum hatten sich soziale Unterschiede der Gesellschaft – Befehlende und Gehorchende, Arme und Reiche, Mächtige und arme Schlucker, Hungernde und Übersatte gebildet – da drohte den sogenannten Wilderern die Todesstrafe; so lange ist es noch nicht her, dass ein Herzog oder ein anderes „hohe Tier“ einen heimlichen Besorger von Braten und Fleisch dem Henker überantworten konnte – es gibt schauerliche und viele Geschichten um dieses Thema.

Wir haben schon anklingen lassen, dass es die Wilderei aus Not gab: Schmacht oder ein sonstwie leerer Magen machen mutig und erfinderisch. Heute kann jeder Jäger oder Jägerin werden, und der Stolz dieser Gruppe von Mitbürgern ist nach wie vor groß. So groß, dass sich Jäger einer großen Aufmerksamkeit von Dichtern, Denkern, Sängern, Sängerinnen, Verseschmiede und allerlei Titel wie Jägermeister, Jagdherr und Jagdherrin und als solche sich über hohe Gäste aus Politik und Wirtschaft erfreuen können. Vor allem Dichter und Reimer ließen sich an ihnen aus, wie ein paar Beispiele veranschaulichen sollen. Sie sind ohne jeglichen Qualitätsanschluss vom Autor ausgesucht worden.

„Die Jäger, zumal die allein gehenden, sind oft Grübler und Träumer zugleich. Das einsame Verweilen im Wald zu allen Zeiten des Jahres, des Tages und der Nacht macht sie dazu, bildet sie geradezu aus, als Sinnierer und Spinner."

„Auf dem Haupte beim Bock und beim Weib unterm Rock, und beim Hirsch in der Brunft liegt des Waidmanns Unvernunft."

„Dürrholz, Jungfern, Federbetten,
manchem Bock das Leben retten."

„Der Hase ist ein Kümmeltürk,
wenn man ihn nicht alltäglich hetzt,
so bleibt er gern, wo er gesetzt."

„Der Wechsel einer groben Sau,
die Logik einer schönen Frau,
den Inhalt einer guten Worscht,
die bleiben gänzlich unerforscht."

Mit einem gänzlich erforschten vieltausendmal gesungenem Jägerlied von Carl Maria von Weber aus seiner Oper „Der Freischütz", das im Text in Worten und Noten wiedergegeben ist und folglich mitgesungen werden kann, wollen wir uns von den richtigen Jägern verabschieden und in den wild- und jagdreichen Kontinent übersetzen...

Unter Afrikas Tierwelt

Wann und wie der Krüger-Nationalpark im Staat Südafrika entstand – das war am 31. Mai 1926 – kann hier nicht behandelt, aber bei Wikipedia nachgelesen werden. Der bekannte Burenpräsident Stephanus Johannes Paulus Krüger,

genannt Ohm Krüger, 1825 bis 1904, war jedenfalls die treibende Kraft. Er sagte: *„Wenn es mir nicht gelingt, dieses kleine Stück des Lowveld unter Schutz zu stellen, werden unsere Enkelkinder nicht mehr wissen, wie ein Kudu, ein Löwe oder eine Antilope aussehen."*
Diese Worte dokumentieren eine ganz unzeitgemäße Weitsicht. Heute ist der Park einer der schönsten und lohnensten des Kontinents. Im Park darf natürlich nicht geschossen werden, aber in seinem Umfeld haben viele Farmer Reviere eingerichtet, wo gegen horrende Dollar-, Euro-, Pfund- und Randbeträge auf die Big Five und anderes Wild gejagt werden kann. Auch weiter nördlich bis zum Äquator reiht sich ein Wildpark an den nächsten, wo europäische, amerikanische und asiatische Waidmänner ihrer Beutelust frönen können. Aus diesen Parks stammen die folgenden Erlebnisse, an denen ich zum Teil „teilhaben" durfte.

* * * * * *

„Mich krieg'ste da nicht wieder hin!", sagte, nein befahl Ulrike von Soundso – Name wurde geändert – und warf sich aufs heimatliche Sofa; „...sonst", fügte sie hinzu. Er, namens Georg, dienstlich „Herr Direktor" gerufen, privat, also zu Hause ein Gehorcher, wollte gar nicht wissen, was dieses „sonst" für Folgen haben könnte. Sie hatte sozusagen die Hosen an und er war sozusagen Nutznießer des Vermögens.
„Unser beider Interessen", fuhr sie fort, „klaffen zu weit auseinander."
Das stimmte: Er war nach Afrika geflogen, um von den Big Five zwei oder drei zu schießen, sie, um aus den bekannten

Safariwagen Tiere zu beobachten. Das wäre gutgegangen, wenn da nicht…

Doch lassen wir einen anderen der Safarifahrt erzählen: „Wir benutzten in der Serengeti die üblichen stabilen VW-Wagen, welche 8 Gäste fassten und vorne saßen der Reiseleiter und der Fahrer. Das soll alles ganz ungefährlich sein und Unfälle sind so gut wie nicht vorgefallen. Selbst starke und gefährliche Tiere wie Elefanten, Nashörner und Kaffernbüffel, welche solch einen Wagen hopsnehmen könnten, haben sich an Touristen und ihre seltsamen fahrbaren Kästen gewöhnt. Doch besonders bei Elefanten gibt es alte, verbiesterte und immer ärgerliche Individuen, die Streit suchen, wenn nicht mit ihresgleichen, dann wenigstens mit anderen. Ein solcher stand nun neben uns. (Ich muss erwähnen, dass ich in diesem Wagen mit von der Partie war). „Wir sind ihm zu nahe auf die Pelle gerückt“, warnte ich den Reiseleiter. Ehe der Fahrer anfahren konnte, preschte der Elefant los und erreichte unseren Wagen binnen Sekunden. Seine Stoßzähne bohrten sich durch die Karosserie beidseits von Ursula, so dass sie wie eingekesselt da saß. Wir konnten nicht anfahren, da half uns der zweite Safariwagen, der 50 Meter neben uns angehalten hatte. Ehe nun der wütende Elefant anfangen konnte, mit vielem Hin und Her seine Stoßzähne zurückzuziehen, fuhr ihm der zweite Wagen ins Hinterteil. Jetzt zog er seine Zähne zurück, wir fuhren sogleich los und der zweite Wagen auch – da stand er nun, schüttelte sein Haupt, dass Läuse, Zecken und Bremsen nebst Hautteilen davonstäubten und er sich einen Baumstamm vornahm, um sich abzureagieren.

Und die gnädige Frau Ursula? Sie fiel erst jetzt bei der Vorstellung, zweimal beinahe durchbohrt worden zu sein, in Ohnmacht und erwachte erst, nachdem ich sie ein wenig ermuntert hatte, beim Aussteigen vor der Lodge. Die beiden Löcher im Wagen, kreisrund wie die Zähne selbst, wurden umgehend begutachtet und massenweise fotografiert. Und die Moral von der Geschichte: Georg war bei der Jagd auf Warzenschweine mit einer führenden Muttersau aneinander geraten, die ihn von hinten in den Hintern fuhr, und als deren Mann, auf deutsch Keiler genannt, ihn von vorn angehen wollte, jagte er ihm aus drei Meter Entfernung die Kugel direkt zwischen die Eckzähne.

Als Ursula diese Geschichte auch noch serviert bekam, befahl sie „in der Lodge zu bleiben – „keinen Schritt mehr nach draußen“ und die nächste Möglichkeit zur Heimreise zu nutzen…

„Wer hat Vorfahrt im Krüger-Nationalpark?“ Nun. Keine Frage: Da kann es nur eine Antwort geben: die Tiere! Im Jahr 1997 veröffentlichte die Parkbehörde eine Statistik über die wichtigsten Säugetiere, welche im Park leben: 270.000 Impalas, 32.000 Zebras, 30.000 Büffel, 7.500 Elefanten, 7.500 Kudus, 4.900 Giraffen, 3.100 Wasserböcke, 2.600 Flusspferde, 2.000 Hyänen, 1.600 Löwen, 900 Leoparden und 200 Nashörner. Kleinere Säuger und andere Tiere sind nicht zählbar gewesen. Alles in allem kann gesagt werden, dass den Resten der ursprünglichen afrikanischen Tierwelt hier ein beispielhaftes Refugium geschaffen worden ist. Der Autoverkehr hat sich an 50 Kilometer zu halten und das Aussteigen ist nur an bestimmten Stellen erlaubt.

Zu Recht! Da liegen, gut getarnt im Schatten, ganze Löwenfamilien herum und sehen harmlos aus. Einige junge Männchen hocken kaum sichtbar auf den Bäumen und würden nicht zögern, einem Menschen unter ihnen in den Nacken zu springen. Dort traben Kolonnen von Büffeln im Linksverkehr die Straße entlang, und alte Bullen würden Ausfälle gegen überholende Autos machen. Elefantenmütter, das Kind hinter sich, kreuzen ohne nach links oder rechts zu blicken die Straßen. Während der etwaige Vater des Kindes nahe unter einem schattigen Baum steht und schon seine riesigen Ohren hin und her klappern lässt. Eine Löwin liegt am Straßenrand und schaut mich an, als wenn sie abschätzte, wie gut ich zu fangen wäre und schmecken würde.

Einige Tiere haben uns Menschen als spendabel und leicht „beklaubar" kennengelernt: Paviane und Hornraben. Sie lungern um die Rastplätze herum und die Affen öffnen sogar Fototaschen und begutachten Objektive, klappen Kameras auf und stehlen Filme, die sie dann, auf Bäumen sitzend, „beurteilen, ob die Aufnahmen etwas geworden sind". Drohungen mit der Hand und Schimpfworte genügen, sie zu vertreiben. Doch ist der Krügerpark der beste, wenn es ums Beobachten und Fotografieren geht: Man fährt und steuert ja selbst – meist im Leihwagen!

Verwandtenbesuch in Afrika. der von uns hat Verwandte in Afrika!" Wie viel Generationen Mensch und Gorilla auseinander sind, kann nur ein Computer errechnen.
„Man sollte Verwandte hin und wieder besuchen."

Recht so! Doch eine Gästebewirtung gibt es nicht, aus keine Umarmungen und Händeschütteln – noch schlimmer: Die Besuchten wissen nichts von Verwandschaft und dass diese bei uns immer etwas für die Kinder dabei haben; Spaß beiseite!

Als der neue Staat Zaire sich konstituiert hatte, gaben die Reisebüros den Weg zu den Gorillas wieder frei. „Teuerteuer" das Ganze und die Unterkünfte waren alle noch nicht „wieder in Schuss". In Berichten und Fernsehsendungen werden die Märsche zu den Gorillafamilien meist als mühsam bezeichnet – das sind sie nicht immer. Wir waren nach einer Stunde Fußmarsch durch kühlen und luftigen Urwald bereits da. Unterwegs hatte uns der Führer auf die afrikanischen Schreiseeadler aufmerksam gemacht, welche wie die amerikanischen Weißkopfseeadler aussehen. „Wer ihre Rufe hört", sagte er, „der kommt wieder hierhin."
Nun, das wird in den meisten Fällen ein Wunschtraum sein.

Man darf eine Stunde nicht lärmen, aber fotografieren, darf weder füttern noch streicheln. Dabei ist das Familienoberhaupt meist ein Klotz von Kerl, dem ein Kinnhaken genügen würde, uns KO zu schlagen. Die Mütter sorgen für ihre Kinder, welche ganz entzückende Frechdachse sind – so richtig zum Knuddeln geeignet. Nach einer Stunde ist die Besuchszeit abgelaufen und wir verdrücken uns…

„Rührei satt!" Wo's Gorillas gibt, sind auch die Pygmäen nicht weit. Man konnte einen eintägigen Trip zu ihnen anschließen – ich tat es! Und war erstaunt, dass sie heutzutage ganz normale Menschen sind, nur kleiner halt, und von der weiten Welt rund um ihren Urwald gut unterrichtet sind. Es ist das Werk „vernünftiger Missionare", dass es ihnen heute gut geht und sie bewusst nichts oder wenig missen. Wir wenigen Besucher wurden zum Essen eingeladen: „Rührei gibt's made in Germany" – nun, unsere Hausfrauen würden sich wundern…!

Wir gingen mit in den Busch, wo die Männer rasch ein paar Eierschlangen einfingen, welche dabei waren, aus Vogelnestern geraubte Eier zu verputzen. Sie können ihre Kiefern so weit ausrenken und ihr Maul derart weit aufreißen, dass sie ein Ei zehnmal so groß wie ihr Kopf, wegschlucken können – sie stülpen sich sozusagen über das Ei. Haben sie es intus, versuchen sie es so schnell wie möglich, es zu zerdrücken – der Inhalt ergießt sich dann in ihren Magen.

Das wollen die Pygmäen verhindern. Sie packen die noch unbeholfenen Schlangen, trennen den Kopf ab, so dass sie nun das Ein aus dem Schlangenkörper nehmen können. Der Häuptling hat das Wissen gespeichert zu erkennen, ob es noch frisch ist oder schon angebrütet ist. Ist dies der Fall, essen die Leute es selbst auf, ist es frisch, darf der Besuch es aufessen. Nun, ich hatte zweifelhaften Appetit, versuchte es aber – zusammen mit Fladen genossen, war es ein Genuss.

Hier war auch die Station, wo europäische und amerikanische Waidmänner sich trafen, um auf Leoparden und Löwen zu jagen, welche „sich an den Eingeborenen vergangen hatten". Von hier aus fuhr uns ein Auto zum nächsten internationalen Flugplatz – und „ab ging die Post nach Europa". Würde ich wiederkommen ins „schöne Afrika?"

Straußeneier-Gulasch. Doch am übernächsten Tag vor meiner Abfahrt nahm mich der Häuptling namens Tom Buktu untern Arm und führte mich zu seiner Kochstelle, die mitten in der Wüste stand: Ein großer Kessel war so aufgestellt, dass unter ihm ein Feuer gemacht werden konnte. Das Feuer brannte schon, der Topf war voll Wasser und in ihm kochten eine Menge Straußeneier, einige lagen noch daneben, andere ragten über den Topfrand empor. Sie sanken allmählich und knisternd in den, je nachdem, wie die bereits kochenden Eier innen im Wasser zerbrachen. Ich fürchtete schon, zum Essen eingeladen zu werden. Doch Tom Buktu hatte ein Einsehen:
„Das ist nur für unsere Mägen geeignet", erklärte er, „und Sie bekämen eine Kotzerei und Scheißerei, an der Sie zu Hause ein halbes Jahr zu laborieren hätten."

Und er erklärte: „Wir nehmen der Straußenhenne alle Eier außer einem weg, damit diese schönen Tiere nicht ausgerottet werden. Ob angebrütet oder nicht, ob frisch oder mit einem fast fertigen Küken drin – alles kommt in den Pott und wird ordentlich durch- und durchgerührt..."
„Und die Schale?", fragte ich.
„Springt beim Kochen von selbst in kleine Stücke oder wird klein geschlagen und als gesunde Mineralien mitgegessen."
„Und wenn schon Küken kurz vorm Schlüpfen drin sind?"
„Sie bilden die Fleischeinlage – wollen Sie das Rezept haben?"
Ich musste jetzt schon mein Frühstück zwingen, im Magen zu bleiben.

„Unsere Frauen“, fuhr er fort, „sind erfindungsreich und tun, wenn möglich, Heuschrecken und Frösche mit ins Gulasch...“
„Na“, dachte ich mir, „da kann man nur *Guten Appetit“* wünschen und an die Anfänge denken, die nun mit ihrem Beginn dieses Buch zu Ende führen sollen.

Das größte Landtier und der Mensch

Hand aufs Herz: Das größte Tier, das je auf der Erde lebte, war einer der Dinosaurier. Da gab es uns Menschen noch nicht – auch Moses, der große Prophet, wusste nichts von ihm, und auch nicht, dass viele Jahrtausende vor seinen Erzählungen es schon eine Schöpfungsgeschichte gegeben hat. (Adam und Eva hatten Glück, mit ihnen, den Sauriern, keine Techtelmechtel austragen zu müssen.)

Man stelle sich vor und lasse die eigene Fantasie spielen: Am 7. Tag, der ein Sonntag gewesen sein soll, damals Sabbat genannt und notwendig, um Gott ausruhen zu lassen, traten Adam und Eva aus ihrer kargen Hütte, wohl ein Zelt aus Schilf und anderen Kräutern, und die Sonne ging just auf, als ein großer Schatten auf sie fiel – im Moment, als ein riesiger Brontosaurus direkt über ihnen stand und seinen überlangen Hals mit dem „Köpfchen“ darauf hin und her schwenkte! Es wäre wohl nichts Schlimmeres passiert, außer dass der Bronto das junge Paar versehentlich platt trat – aber statt seiner hätte es auch Tyrannosaurus Rex sein können, und dann…

Unterlassen wir das Fantasieren! Machen wir einen gewaltigen Zeitsprung vorwärts und wenden wir uns dem oben Genannten zu:

dem Mammut. Es hatte das Pech, auch Unglück genant, dass „der Homo“ dabei war – nur ein paar Generationen noch – ein „sapiens“ zu werden. Die Evolution hätte damals alle ihre Geschöpfe warnen können: „Gebt acht, da kommt ein Omnivore!“ (Das heißt: Weder ein Carnivore, also reiner Fleischesser wie der Löwe, noch ein Herbivore, ein Pflanzenesser wie unser Hase.) Das ist nicht geschehen und darum müssen wir zum Abschluss dieses Buches noch vom Mammut berichten, das zu seinem Unglück den Menschen kennengelernt hat. (Übrigens gilt Siegfried von Xanten als der Ausrotter des letzten Sauriers, damals Drachen genannt.) Sowohl er als auch ein Mammut hätten heutzutage gut in einen Disney-Park, einen Riesenzoo oder, nur ein Beispiel, auf die Osterinseln gepasst!

* * * * * *

Als die letzte Hohe Zeit der Mammuts begann, steckte der Homo sapiens sozusagen noch in seinen Kinderschuhen und hatte nichts anderes im Sinn, als diesen Fleischklotz sich dienstbar zu machen, tot und lebendig. Es ist nicht überliefert, ob ihm Letzteres gelang. Gewiss hat es Zähmungsversuche gegeben, Menschen- und Mammutkinder werden miteinander gespielt haben – aber letztendlich werden sich die Praktiker unter den frühen Menschen mit dem Argument haben: „Von diesem Tier können wir alles, und wirklich alles für unseren täglichen Bedarf gebrauchen“.
Damit war das Schicksal des Mammuts in allen seinen Formen und Ausgaben besiegelt. Listen wir einmal auf, was man gebrauchen und verwerten konnte:

1.) Das Fleisch. Es hielt sich in der riesigen Tiefkühltruhe, welche der Lebensraum der Mammuts darstellte, Wochen, gar Monate lang, und vielleicht länger, wenn die Menschen es entsprechend lagerten. Da mussten die Männer mit ihren Steinäxten und Obsidianmessern heran, um die täglichen Portionen zu beschaffen.
2.) Das Winterfell. Wenn es sorgfältig dem erlegten Tier abgezogen und zubereitet wurde, konnte eine ganze Familie oder Sippe zum Wärmen darunter kriechen. Aus ihm wurde auch die Kleidung bereitet, wurden Gürtel genäht, dazu Beutel und Säcke, aus den Sommerfellen leichte und dünnere Hemden, Jacken und Schuhe.
3.) Das Fett und der Winterspeck. Besonders im Winter war fettreiche Nahrung, sollte sie auf den Wanderungen das Durchhalten ermöglichen, und als Brot und Fladenaufstrich zusammen mit Honig und Wildbeeren eine Leckerei fürs Zwischendurch abgeben.
4.) Die Därme, der Magen, die Knochen. Die Därme brauchte man seit altersher zur Herstellung von Würsten, Sehnen für die Bögen und zum Schnüren. Aus den riesigen Pansen und Mägen wurden Säcke gemacht, die Knochen gespalten, so dass Kinder und Hunde das nahrhafte Mark saugen und lutschen konnten. Die großen Knochen der Beine wurden zu Keulen verarbeitet.
5,) Die Stoßzähne. Bei unseren heutigen Elefanten sind sie kurz genug, um als Waffen zu gelten. Doch die riesigen alten Mammutbullen derart nach innen gewachsene Stoßzähne, dass sie wohl nur zum Angeben taugten. Das Elfenbein, woraus Stoßzähne bestehen, ergab ein hervorragendes Schnitzmaterial – wie Funde eindeutig beweisen.

6.) Die Haare. Es gab Tiere mit glatter, fast gar nicht behaarter Haut wie heute bei unseren Elefanten, und solche mit gezwirbelten und extrem langen Haaren. So konnte jede damalige Hausfrau mit ihnen nähen, wenn die Männer die zugehörigen Nadeln mit Ösen machten.
7.) Es ist heute durch Nachdenken und Kombinieren bewiesen, dass die Neandertaler und andere Beinahe-Homosapiens in den nordischen Breiten verhungert oder ausgewandert wären, hätten sie nicht die Fähigkeit besessen, das Leben unter diesen Umständen zu meistern.

* * * * * *

Dieses Buch ist auch ein Buch über Jäger und ihre Jagd. Darum sollten wir klären, ob es wieder einmal der Mensch ist, welcher die Mammuts ausgerottet hat. Schließlich war die Jagd auf diese wandernden Mittag- und Abendessen weniger gefährlich als auf Auerochsen, Wisente und Bären, aber erheblich ertragreicher. Die geringste Gefahr gingen die Jäger ein, wenn sie Gruben aushoben, in welche sie ein ein einzelnes Tier, ein schmackhaftes Kalb zum Beispiel, in aller Ruhe mit Rufen und Strohfeuern unterstützt, hineintrieben.

Im felsigen und bergigen Gelände gab es die Möglichkeit, eine ganze Herde in Panik zu versetzen, sie kopflos in eine bestimmte Richtung zu hetzen, wo sich ein Felsabsturz befand. Es gibt derlei Fundstätte, in denen Tausende von Knochen der abgestürzten Tiere liegen. Es ist vermutlich gar nicht so weit gekommen, dass die Mammuts den Menschen als Verfolger kennengelernt haben. Was sollten diese Kolosse mit den kleinen Hirnen auch denken, wenn sich ihnen eine Reihe der komischen Zweibeiner wie zufällig näherten, einen Kreis um sie bildeten und sie mit langen Stöcken bewarfen! Die im Fleisch stecken blieben und sich nicht abschütteln ließen. Andere der Männer kamen gar nicht heran und schleuderten mit so genannten Bogen Pfeile vornehmlich auf Mammutkinder.

Das brachte die Mammutmamas in Rage, aber wen sollten sie angreifen? Und wenn sie es taten, schnitten andere Jäger den Kälbern bereits die Kehle durch, so dass Frauen mit Blasen = Eimer herbei eilten, das kostbare Blut aufzufangen. Wie alt damals der heute noch bekannte Spruch
„Viele Hunde sind des Hasen Tod“
war, so bewahrheitete sich jetzt
„Viele Menschen sind der Mammuts Tod.“
Natürlich hat man auch versucht, Mammutkälber de Müttern zu stehlen, sie sorgsam aufzupäppeln und dann zu Hochzeiten und anderen Jubiläen anzurichten und zu verputzen.

„Verputzen, aufessen, genießen“ – das sind die Stichwörter dieses Artikels. Was aßen diese Menschen, welche – das ist erwiesen – nicht unsere Vorfahren sein können? „Jagd kam vorm Garten- und Gemüseanbau!“ Doch die so genannte freie Natur, dass auch die Frauen – die Männer gingen zur Jagd – ihre Beschäftigung hatten, lieferte schon so manches wie heute auch: Wildobst, Beeren, essbare Gräser, Urformen unseres Getreides, Wurzeln, Nüsse und Kleintiere und deren Larven. Stellen wir uns einige Gerichte vor: Kaulquappensuppe, Froschlaich mit Honig gesüßt, Engerlinge am Holzspieß geröstet, Jungvögel wie Amseln, Drosseln, Fink und Star frisch aus den Nestern gestohlen und in heißes Fett getaucht, Mammutrüsselscheiben und Stücke vom Mammuthintern in Blätter eingerollt und in Erdöfen gegart, Torfkreuzottern und Moorringelnattern lebend zum Trocknen auf die Wäscheleine gespannt und später mit Honig gefüllt für die Kinder zum Auslutschen, gemahlene Hirse und die Frühformen unseres heutigen Getreides zwischen Steinen gemahlen und in Gefäßen wie Blasen und Mägen als Getränk vergoren, wenn die Tundra- und Taigasommerhitze Durst machte…

Wenn wir heute in Tiergärten oder freier Wildbahn unsere nächsten Verwandten – Primaten genannt – beobachten, können wir feststellen, wie erfinderisch sie sind – also menschenähnlich! Warum sollte der frühe Homo nicht so sein!

„Quo vadis, Homo sapiens?"

Ab wann mag der Mensch sich gefragt haben, „wohin wir gehen?" Die Frage selbst hat biblischen Charakter und ist unter Johannes-Evangelium 13, 36 nachzulesen: *„Domine"*, fragte Simon Petrus den Herrn, *„quo vadis?"*
Jesus antwortete: *„Quo vado, nun potes me modo sequi, sequeris autem postea."* - „Wohin ich gehe, dahin kannst du mir jetzt nicht folgen. Du wirst mir aber später folgen."
Diese Szene hat der Maler Annibale Carracci 1602 zu malen versucht, (siehe Abb.!) Auf dem Bild, das ganz fälschlich dargestellt ist, trägt Jesus ein Kreuz, das für ihn viel zu klein ist – kein Wunder, denn das wirkliche Kreuz, an das Jesus genagelt wurde, hätte er allein nicht tragen können.

Aber der Autor hat ja die Frage an alle Menschen, die sich „sapiens“ nennen, gestellt. Und alle werden sie nicht beantworten können! Sie klammert bewusst den technischen und überwältigenden Fortschritt aus. Einem, den der Mensch sich wird nicht entziehen können. Er selbst ist gefragt. Denn die sozialen Fragen, die ihn bei der ersten Menschwerdung schon bedrückten, sind bis heute nicht geklärt und werden es bis in weitere tausend Generationen wohl nicht sein...
Zum Abschluss unserer Betrachtungen bringt der Autor zwei Stellungnahmen zum Leben. Die eine fand der Autor vor Jahren in einem Buch, das er nicht mehr zu nennen weiß, die andere sah er an einer Hauswand während seiner vielen Exkursionen und fotografierte sie.

Anhang des Verlages und des Autors

Lektorat und Kontrolle lagen in den Händen von Ilka Wallmeyer-Rohdich. Nicht alle genannten Namen von Zeitgenossen des Autors sind umbenannt worden, manche, deren Träger stolz auf die Veröffentlichung sind, blieben unverändert. Die Abbildungen: Nicht alle Bilder stammen von der Kamera und aus dem Archiv des Autors, das Internet von Wikipedia und Pixabay hat ausgeholfen und der Autor dankt beiden hier besonders. Die Leserschaft wird bemerken, dass der Autor zum ersten Mal Pinsel, Farbe und Papier benutzt hat, um Malversuche zu machen. Sie stammen alle aus der Erinnerung und stimmen mit dieser überein.

Greven, im Frühjahr 2022 ---- Walther Rohdich!

E n d e